1er Fascicule

ESSAI
DE
CLASSIFICATION
DES LÉPIDOPTÈRES
PRODUCTEURS DE SOIE

PAR

MM. J. DUSUZEAU ET L. SONTHONNAX

Extrait du *Compte rendu des Travaux du Laboratoire d'Études de la Soie*
— *1895-1896* —

LYON
IMPRIMERIE ALEXANDRE REY
4, RUE GENTIL, 4

1897

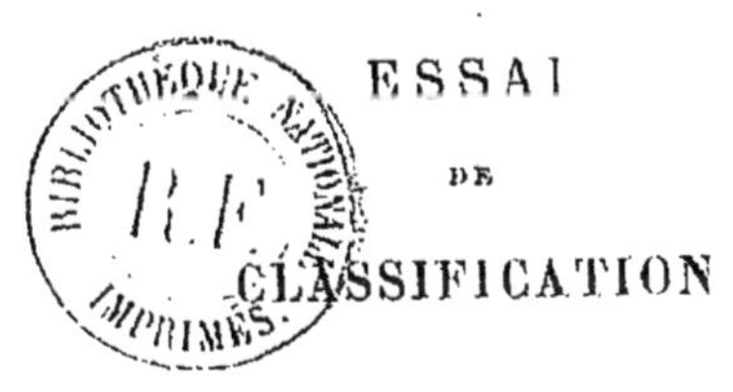

ESSAI

DE

CLASSIFICATION

DES LÉPIDOPTÈRES

PRODUCTEURS DE SOIE

ESSAI

DE

CLASSIFICATION

DES LÉPIDOPTÈRES

PRODUCTEURS DE SOIE

ESSAI

DE

CLASSIFICATION

DES LÉPIDOPTÈRES

PRODUCTEURS DE SOIE

PAR

MM. J. DUSUZEAU ET L. SONTHONNAX

Extrait du *Compte rendu des Travaux du Laboratoire d'Études de la Soie*
— *1895-1896* —

LYON
IMPRIMERIE ALEXANDRE REY
4, RUE GENTIL, 4

1897

ESSAI DE CLASSIFICATION

DES

LÉPIDOPTÈRES PRODUCTEURS DE SOIE

AVANT-PROPOS

Le Bombyx du mûrier est sans contredit le producteur de soie par excellence, c'est la seule espèce qui, jusqu'à ce jour, ait été réduite à la domesticité parfaite et dont les éducations dirigées avec des soins intelligents aient toujours donné des résultats certains.

La soie qu'il donne est de beaucoup supérieure à celle de ses congénères, aucune autre ne peut rivaliser avec elle sous le rapport de la finesse, de la souplesse et de l'éclat.

Cependant certaines soies de papillons sauvages tendent aujourd'hui à créer à celle-ci une concurrence sérieuse par leur prix de revient moins élevé et leur abondance, nous voulons parler des soies dites *Tusser* ou *Tussah*, dont la consommation prend chaque jour plus d'importance.

On donne indifféremment cette dénomination aux soies d'un bon nombre d'espèces de papillons élevés en demi-liberté et même en liberté entière dans les Indes Orientales et dans la Chine, mais cette dénomination est toutefois limitée aux espèces dont le cocon n'est pas naturellement ouvert à l'une de ses extrémités, ce qui permet d'obtenir la soie d'une façon continue au moyen de la filature.

Les espèces à cocon ouvert, qui par conséquent ne peuvent se dévider d'un bout à l'autre, et elles sont les plus nombreuses, exigent pour donner une soie utilisable, une opération supplémentaire : le cardage ou effilochage afin de réduire les cocons en bourre, après quoi on procède au filage au fuseau. On conçoit que la soie obtenue par ce dernier moyen, n'étant plus formée par un fil continu, perd la plus grande partie de son éclat: elle prend le nom de *Shappe*.

Depuis des temps très reculés les Indiens de l'Assam et du Nepaul tissent des étoffes résistantes, belles, mais sans grand éclat, avec de la soie obtenue de cocons effilochés d'une espèce de papillon appelé *Eri (Philosamia Ricini)*.

Les Hottentots et les Cafres retirent une soie analogue en filant, toujours après cardage, les cocons d'une espèce de Lasiocampe, le *Gonometa postica*, qui vit sur un Mimosa.

Le continent africain, l'intérieur du Brésil, encore imparfaitement connus, réservent très probablement de nouvelles surprises, mais en l'état actuel de nos connaissances, le nombre des producteurs de soie de toutes les catégories que nous venons de signaler est déjà fort élevé et mérite assurément une étude spéciale.

Aucun travail d'ensemble sur ces papillons sauvages si intéressants et si utiles n'a été publié jusqu'à ce jour ; il appartenait au Laboratoire d'études de la soie de Lyon, dont les collections tout à fait spéciales en ce genre de Lépidoptères et les nombreuses relations que lui donne sa situation dans la ville séricicole par excellence, de publier la nomenclature complète des espèces actuellement connues, les renseignements afférents à chacune d'elles, tant au point de vue des éducations à tenter vers un but industriel qu'au point de vue de l'enchaînement des espèces et de leur classement dans un ordre méthodique.

Certains travaux, mais restreints aux espèces de l'Inde, ont été publiés par M. F. Moore, disséminés dans *Transactions of the Entomological Society* et *Proceedings of the Zoological Society* de Londres de 1859 à 1872; on doit à cet auteur la description de nombreuses espèces.

Thomas Hutton, dans *Notes on the Indian Bombycidae as at present known to us*, Mussorie 1871, a donné la liste raisonnée des espèces sauvages de l'Inde.

On doit à Guérin Meneville et à Boisduval la description d'un grand nombre d'espèces qui rentrent dans le cadre de notre étude, mais ces auteurs ne pouvaient aborder à l'époque où ils les ont faites que le côté descriptif.

M. Natalis Rondot consacre, dans son bel ouvrage sur *l'art de la soie*, de nombreux chapitres sur les soies des vers sauvages et décrit les principales espèces.

Le but que nous voulons atteindre est de vérifier toutes les descriptions de ces espèces faites jusqu'à ce jour, et d'y ajouter les renseignements pratiques qu'il nous aura été donné de connaître sur la valeur industrielle de chacune d'elles.

La plupart de nos descriptions et de nos dessins ont été faits d'après les spécimens en collection au Laboratoire, mais pour certaines espèces rares et même uniques, il nous a fallu recourir aux textes et aux dessins des auteurs, ainsi qu'aux grandes collections connues.

Nous devons des remerciements bien sincères à toutes les personnes qui ont bien voulu nous aider dans ce travail en mettant leur collection et leurs conseils éclairés à notre service.

A Paris, à M. P. Dognin.

A Rennes, à MM. Ch. et R. Oberthur.

A Londres, à MM. F. Moore; A. Butler et W.-E. Kirby, assistants au *Natural History Museum* et à M. W. Rothschild.

A Genève, à M. Bedot, directeur du Museum.

GÉNÉRALITÉS SUR LES LÉPIDOPTÈRES

Les Lépidoptères, dans leur état larvaire, possèdent presque tous, à un degré plus ou moins développé, la faculté de produire de la soie.

Chez certaines espèces, cette faculté leur permet de construire des retraites soyeuses où elles trouveront un abri contre les intempéries et contre une foule d'ennemis naturels; c'est le cas de diverses chenilles processionnaires qui s'abritent durant leur jeune âge dans de très grosses poches tissées en soie très fine et très serrée, imperméable au froid et dont l'entrée est inaccessible à tout animal ou insecte étranger à la communauté.

Pour le plus grand nombre, cette faculté est d'un autre secours : le fil de soie que la chenille abandonne à la première alerte lui sert à ralentir sa chute lorsque le vent ou une secousse quelconque lui fait perdre son point d'appui sur l'arbre ou sur la plante nourricière; pareil au fil d'Arianne il lui sert aussi dans ce dernier cas à retrouver sa demeure.

Mais la soie est surtout sécrétée par certaines espèces afin de permettre aux larves de se construire un abri résistant et inviolable pendant la durée de leur transformation mystérieuse en papillon.

Les chenilles des papillons diurnes ne se tissent aucun cocon, les noctuelles, les phalènes et un grand nombre de microlépidoptères se transforment parfois simplement dans la terre ou dans l'humus, d'autres fois enroulés dans les feuilles de la plante nourricière et maintenus dans cette position au moyen de quelques fils soyeux.

Dans la tribu des Bombycides, les chenilles se construisent toutes, ou à de très rares exceptions près, des cocons soyeux : tantôt la soie est mélangée aux poils dont la chenille était parée, et le tissu du cocon présente alors l'aspect du drap ou du feutre, ou il est hérissé de piquants si les poils sont rudes et courts, tantôt enfin les cocons sont tissés à l'air libre et en soie pure comme chez le Bombyx du mûrier et chez presque toutes les autres espèces de la tribu.

Nous n'avons donc dans cette étude à nous occuper que des papillons appartenant aux Bombycides, puisque eux seuls produisent de la soie en quantité suffisante pour pouvoir être utilisée ; mais, avant d'aborder le classement et la description des nombreuses espèces qui composent cette tribu, il est indispensable d'exposer les modifications que subissent les divers organes extérieurs de ces insectes et les termes employés pour les décrire.

CONSIDÉRATIONS SUR LA VALEUR DES CARACTÈRES EN CLASSIFICATION

La fixité des caractères n'étant pas absolue, même et surtout dans les espèces affines, il est avantageux que les caractères, qui concourent à la création d'un genre, soient multiples, afin que dans les cas où l'un d'eux viendrait à manquer il reste un nombre de caractères suffisants pour y maintenir une espèce qui offrirait une exception, et qu'une formule trop absolue viendrait exclure; toutefois, lorsque les exceptions sont nombreuses, il est nécessaire de créer des sections homogènes et dépendantes de ce genre.

Mais existe-t-il des caractères (nous parlons des caractères génériques), plus importants les uns que les autres, ou, en d'autres termes, existe-t-il des caractères dont la présence ou l'absence puisse au besoin être négligée ?

Nous avons eu, nous l'avouons, bien des déceptions dans cette recherche et souvent, croyant avoir trouvé le lien resserrant tout un groupe, nous

avons été déçus par une ou plusieurs espèces, d'affinités indiscutables, dont les caractères, qui pour nous devaient avoir une grande importance, faisaient défaut, et nous en sommes arrivés à conclure que l'importance d'un caractère est subordonnée à sa constance, fût-elle nulle au point de vue physiologique, car il faut naturellement choisir de préférence les caractères qui peuvent être facilement observés.

Malgré la séduction de la théorie darwinienne sur l'origine des espèces, il serait puéril à notre avis de poursuivre cette chimère de la généalogie et de vouloir relier toutes les espèces par les liens d'une parenté étroite ; et cela pour plusieurs raisons, en entomologie plus qu'en toute autre branche, attendu que toutes les espèces actuellement existantes ne nous sont pas connues, que l'étude des larves est à peine ébauchée, puisque nous ne connaissons pas la moitié des larves des Lépidoptères de France et enfin que rien ne prouve qu'une suite d'individus faisant trait d'union entre certains genres n'aient pas disparu.

La généalogie des êtres étant et devant rester hypothétique, il serait téméraire de vouloir fonder une classification sur cette base. Cette manière de voir nous met en contradiction avec des savants distingués anglais et allemands, mais nous avions besoin des explications qui précèdent pour montrer comment, en l'état actuel de nos connaissances, nous ne partageons pas la même manière de voir.

Le plus sûr moyen de grouper les espèces avec méthode, réside dans l'étude du faciès : il est bien rare, en effet, qu'à une conformité d'aspect ne réponde pas une similitude dans l'ensemble des caractères et des mœurs. En dehors des caractères fixes qui ne peuvent servir qu'à délimiter les grandes divisions : tribus et familles nous estimons que par degré d'importance, dans l'étude qui nous occupe, les antennes jouent un rôle important, la charpente alaire ne nous offre que des caractères trop fugaces dans la détermination des genres ; viennent ensuite, par ordre d'importance, la forme des ailes, leur ornementation, puis la taille et la coloration.

Les insectes qui nous occupent n'arrivent à leur état parfait que pour perpétuer leur race ; ne prenant aucune nourriture durant cette courte période, tout le luxe de leurs organes devait être reporté sur les antennes qui sont le siège de l'odorat, afin de favoriser la rencontre des sexes.

C'est, en effet, dans cette famille que nous trouvons les antennes les plus développées : certains mâles ont des antennes démesurément longues et plumeuses, tandis que les femelles, généralement passives, lourdes et peu propres au vol, les ont plus courtes, à dents à peine munies de cils ou n'en présentant que quelques-uns épars à l'extrémité des denticules.

La forme des ailes est le trait caractéristique de certains genres et subit peu d'altération, si ce n'est toutefois, que les individus femelles ont toujours les ailes plus larges et moins échancrées que celles des mâles ; il n'en est pas de même de l'ornementation qui, en tant que forme des fascies ou bandes qui traversent les ailes ou le thorax, est toujours constante dans la même espèce, tandis que les taches vitrées ou squameuses, qui ornent les ailes, sont quelquefois absentes ou à peine indiquées chez certains individus.

Les modifications plus ou moins profondes que subissent les taches sont donc d'une importance moindre puisqu'elles peuvent être très développées ou absentes dans la même espèce.

Comme dans toutes les espèces animales, la taille est très variable et chaque espèce peut présenter ses variétés *minor* et *major*. La coloration est encore plus variable, nous donnerons dans nos descriptions la coloration la plus constante, mais on peut constater dans toutes les espèces des individus ayant des tendances à l'albinisme ou au mélanisme.

DESCRIPTION DES ORGANES EXTÉRIEURS

Le corps d'un papillon se compose de la tête, du thorax et de l'abdomen.

La tête nous présente les yeux, les antennes et les parties buccales.

Le thorax, ou corselet, sert de point d'attache aux pattes et aux ailes.

L'abdomen, composé de huit ou neuf segments, ne présente aucune particularité.

Les yeux, toujours à facettes, sont quelquefois accompagnés sur l'épicrâne d'yeux très petits appelés *ocelles*, cela se rencontre chez un grand nombre de noctuelles, mais les Bombycines qui nous occupent en sont toujours dépourvus.

Les *antennes*, très variées dans leur structure, sont composées d'un nombre d'articles variables, dont la réunion forme ce qu'on appelle la tige de l'antenne, l'article inférieur ou basilaire présente généralement une grosseur et une longueur plus grandes que celles des autres articles.

Cette tige de l'antenne peut être glabre ou revêtue de squamules imbriquées.

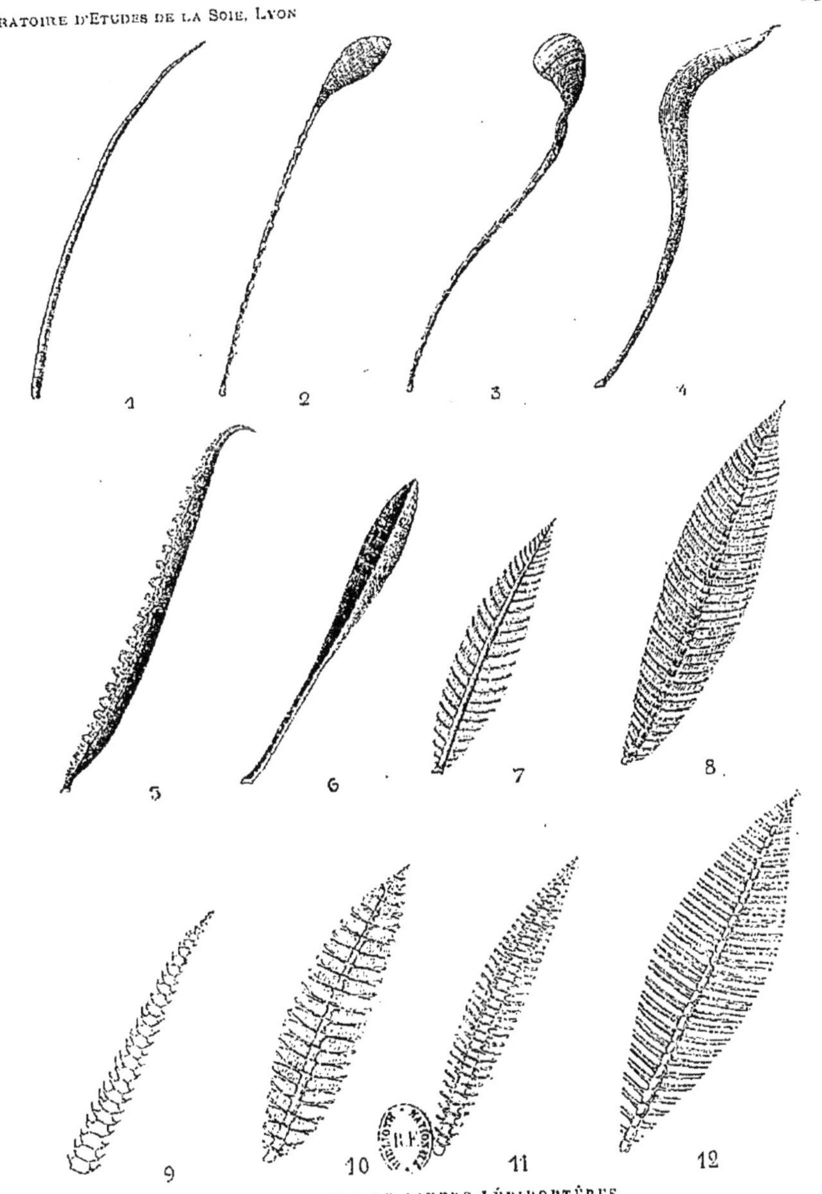

ANTENNES DE DIVERS LÉPIDOPTÈRES

N° 1. Antenne sétiforme ou filiforme. *Spintherops spectrum.*
2. — en massue arrondie . . *Vanessa Atalanta.*
3. — en massue aplatie . . . *Apatura Ilia.*
4. — épaissie terminée en pointe. *Castnia Licus.*
5. — fusiforme à côté cilié. *Sphinx convolvuli*, mâle.
6. — épaissie en massue. . . — — femelle.

N° 7. Antenne unipectinée à tige squameuse. *Bombyx mori.*
8. — — glabre. . . *Otræda hesperie.*
9. — — à dents courtes. *Aglia tau*, femelle.
10. — — — bifides . — — mâle.
11. — bipectinée à dents inégales. *Antheræa Pernyi*, femelle.
12. — — — égales. . *Samia Cecropia*, mâle.

L'antenne est dite *sétiforme* lorsqu'elle est mince, dépourvue d'aspérités et s'atténuant insensiblement de la base à l'extrémité (pl. I, fig. 1); elle est dite *claviforme* ou en massue lorsqu'elle se termine par un renflement des derniers articles (fig. 2 et 3) ; c'est le caractère le plus saillant des papillons diurnes.

Certains lépidoptères, les Castnides par exemple, ont les antennes s'épaississant dès le deuxième tiers de leur longueur et diminuant ensuite jusqu'à l'extrémité pour se terminer en une pointe garnie de poils (fig. 4).

Elles sont épaisses et *fusiformes* chez les Sphingides et le côté interne seul est muni de cils, tandis que l'externe est recouvert de squamules imbriquées ; leur extrémité se termine en pointe velue incurvée en arrière (fig. 5). Chez les femelles de ces insectes, les cils manquent ou plutôt sont atrophiés et dans certaines espèces les antennes sont renflées à leur extrémité comme chez les diurnes, mais alors le côté interne présente une dissemblance d'aspect avec celui du côté externe (fig. 6).

D'autres fois, chaque article de l'antenne est muni à droite et à gauche de son axe, d'une ou de deux dents ou plumules ; elle est dite *unipectinée* dans le premier cas (fig. 8), *bipectinée* dans le second (fig. 12). Souvent les antennes ont des articles à peine denticulés ou alors les dents sont très courtes et les articles presque glabres (fig. 9), cela se rencontre dans les antennes de beaucoup de femelles.

Certains Saturnides ont les antennes à articles unipectinés, mais la dent est bifide, c'est-à-dire que dès sa base elle se divise en deux parties distinctes hérissées de cils (fig. 10).

Les *parties buccales* comprennent la trompe, les palpes maxillaires et les palpes labiaux.

Le plus grand nombre des papillons butinent sur les fleurs pour y puiser leur nourriture durant leur vie active; ils sont munis d'un appareil de succion appelé *trompe*, formé par le prolongement des mâchoires, tantôt court, tantôt allongé et enroulable (pl. II, fig. 13, 14, 16, 17 et 18).

Les Bombycides font exception et, ne prenant aucune nourriture durant leur état parfait, leurs parties buccales sont atrophiées et le plus souvent invisibles (fig. 15).

Les palpes maxillaires sont très petits et placés à la base et de chaque côté de la trompe, mais ils sont le plus souvent invisibles;

les palpes labiaux placés au-dessous sont remarquablement développés chez certaines espèces et se redressent contre la face antérieure de la tête pour protéger la trompe lorsque celle-ci est enroulée; chez les Bombycines, ces palpes ne présentent que des caractères fugitifs et presque toujours indistincts ou tellement courts que leur extrémité seule émerge des poils longs et serrés qui tapissent la partie inférieure de la tête.

Ces palpes sont composés de trois articles, dont le basilaire presque toujours très petit et invisible, le second allongé et le dernier ou terminal généralement petit et pointu.

Il est facile de se rendre compte de l'importance de ces palpes dans les diverses familles de Lépidoptères en consultant la planche II.

Le *thorax* ou *corselet* est formé de trois segments inégaux et étroitement unis : le prothorax qui sert d'attache aux pattes antérieures, le mésothorax aux pattes intermédiaires et aux ailes antérieures, enfin le métathorax aux pattes et aux ailes postérieures.

Les pattes sont composées de la cuisse ou fémur, du tibia et des tarses, ces derniers formés de cinq articles terminés par un double crochet.

On remarque sur le côté interne des tibias, dans un grand nombre de groupes, des épines ou éperons souvent simples, quelquefois doubles et parfois au nombre de quatre, dans ce dernier cas, il en existe deux sur le milieu du tibia et deux autres plus longs à son extrémité (fig. 14, 16, 17, 18).

Les ailes des papillons sont parcourues par quatre nervures partant de la base de l'aile, ou point d'attache, et qui se ramifient plus ou moins sur la surface.

Le fond des ailes est constitué par deux membranes chitineuses, transparentes, accolées et dont les faces externes sont revêtues de squamules colorées.

Notre classification étant basée en partie sur la nervulation ou charpente alaire et celle-ci présentant des variations notables dans les différents groupes de Lépidoptères, il est nécessaire d'en bien étudier les différents aspects, ainsi que les termes employés pour les désigner.

Prenons par exemple l'aile antérieure du *Bombyx mori* (fig. 19). On constate :

1° Le bord antérieur de l'aile A ;

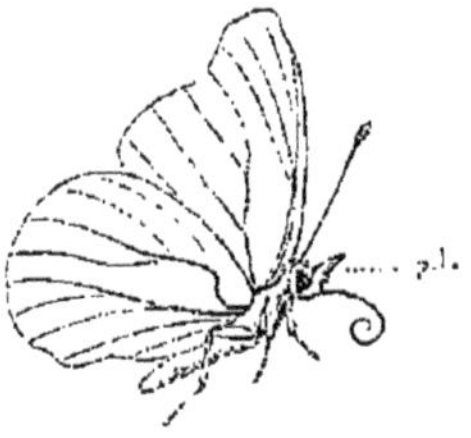

Fig. 13.

Fig. 14.

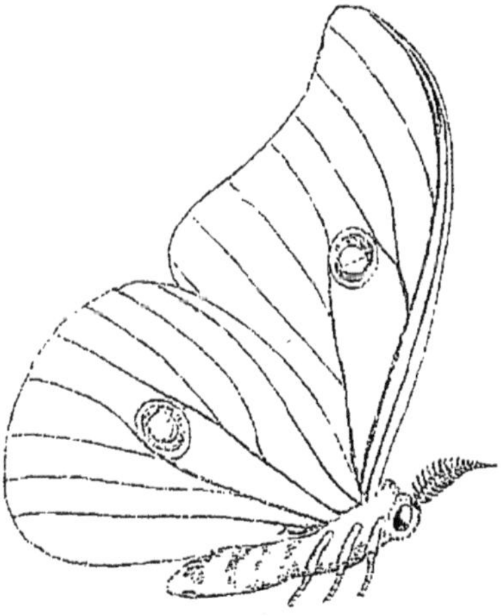

Fig. 15.

Fig. 18.

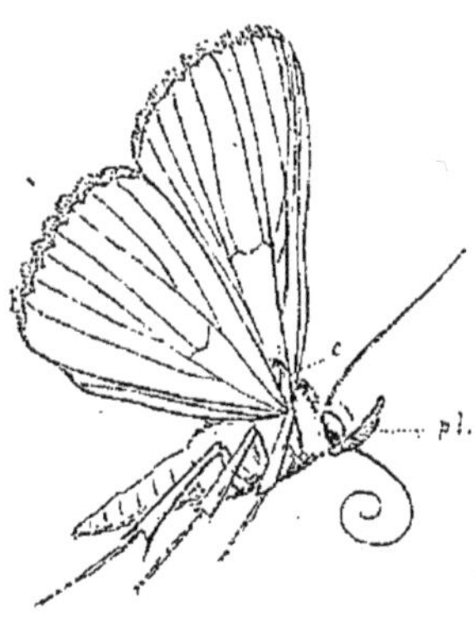

Fig. 16.

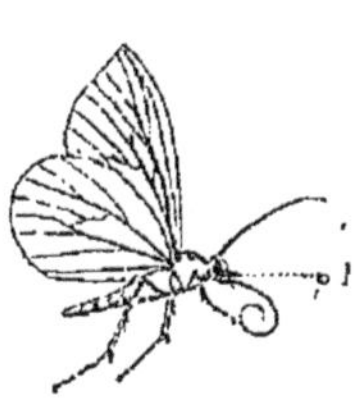

Fig. 17.

CARACTÈRES ET ASPECTS GENERAUX DES SIX TRIBUS DE LÉPIDOPTÈRES

Fig. 13. Rhopalocère . . . *Vanessa Atalanta.*
— 14. Sphingine. . . . . *Sphinx convolvuli.*
— 15. Bombycine . . . . *Antheræa Pernyi.*

Fig. 16. Noctuelline. . . . *Spintherops spectrum.*
— 17. Géométrine . . . *Cidaria dotata.*
— 18. Microlepidoptère. *Hyponomeuta cognatella.* (grossie).

Nous avons représenté les trompes déroulées, mais à l'état de repos elles sont enroulées et exactement enchâssées entre les deux palpes labiaux.

2° Une nervure B, accompagnant ce bord jusqu'à l'apex de l'aile, cette nervure ne se ramifie jamais et s'appelle nervure *costale;*

3° Une deuxième nervure C, s'éloignant un peu de la nervure costale et jetant plusieurs ramifications dans la surface comprise entre elle et la portion apicale de l'aile : c'est la *sous-costale;*

4° La nervure D, traversant l'aile à peu près dans son milieu, se ramifie dès son premier tiers, envoyant vers la marge de l'aile plusieurs ramifications : cette nervure s'appelle *médiane;*

5° Enfin, la nervure *anale* E, à peu près parallèle au bord inférieur de l'aile. Cette nervure est souvent renforcée à sa base par une petite nervure courbe faisant arc-boutant.

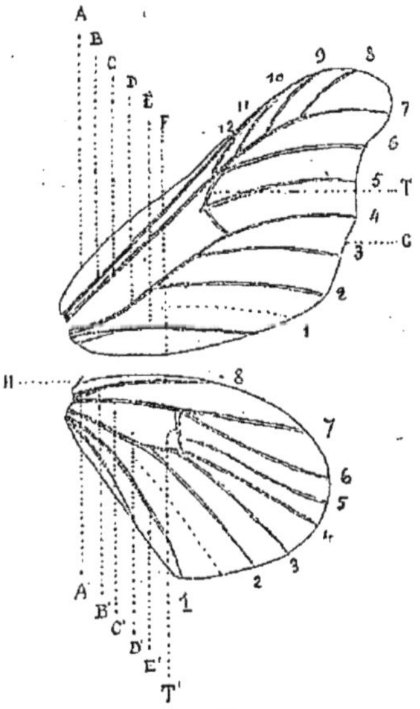

Toutes ces nervures avec leurs ramifications se dirigent, une partie vers le bord antérieur de l'aile, l'autre partie vers la marge ou bord extérieur G.

Fig. 19.

Chez la plupart des Lépidoptères, les nervures sous-costales et médianes sont reliées à peu près vers leur milieu par une nervure T (fig. 19 et 20), que nous appellerons *intercostale*, tantôt brisée (fig. 19), tantôt droite (fig. 20), mais dans quelques groupes cette nervure manque.

L'espace circonscrit entre cette nervure intercostale et la base de l'aile s'appelle cellule *médiane* ou *humérale*. On dit que cette cellule est fermée lorsque la nervure intercostale existe; on la dit ouverte lorsque cette dernière manque, comme cela se remarque chez les *Attacus*.

Les ailes inférieures présentent le même nombre de nervures que sur les supérieures, mais les ramifications de la nervure sous-costale sont variables dans leur nombre.

Pour la facilité des descriptions, on donne à chaque nervure aboutissant à la marge un numéro d'ordre en commençant par l'angle inférieur de l'aile.

On constate souvent la présence de nervures supplémentaires plus faibles qui naissent sur la marge des ailes, sans venir se raccorder avec les nervures que nous venons de signaler, elles sont représentées en pointillé dans la figure 19.

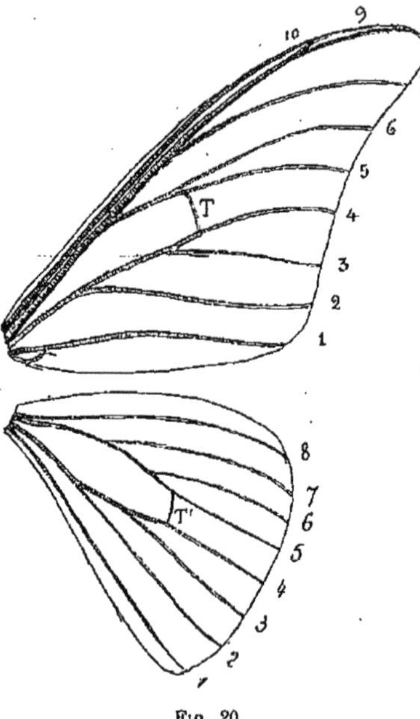

Fig. 20.

Chez certains Lépidoptères on distingue, à la base du bord antérieur des ailes inférieures, une fine épine ou plutôt un faisceau de poils ayant l'aspect d'un crin destiné à glisser dans un petit anneau correspondant sur la face inférieure de l'aile supérieure, il a pour but d'établir une solidarité étroite entre les deux ailes et de les relier l'une à l'autre. Cette épine appelée aussi *crin* ou frein se remarque chez la plupart des papillons, excepté chez les Diurnes.

Rudimentaire ou absente chez la plupart des Bombyx, elle est longue avec anneau très visible chez beaucoup de Sphingides (fig. 14, *c*, *o*), longue avec pointe disparaissant dans le tissu de l'aile chez certaines Noctuelles (fig. 16 *c*.).

CLASSIFICATION DES LÉPIDOPTÈRES

Pendant longtemps les Lépidoptéristes ont partagé l'ordre des Lépidoptères en trois grandes divisions : les *Diurnes*, les *Crépusculaires* et les *Nocturnes*, correspondant aux genres : *Papilio*, *Sphinx* et *Phalena* de Linné.

Ces trois dénominations avaient un défaut très grave, celui de ne reposer que sur des habitudes toujours assez variables et non sur des caractères tangibles ; aussi cette dénomination a-t-elle été abandonnée et tous les Lépidoptéristes sont aujourd'hui d'accord pour adopter la méthode proposée par Boisduval, qui divise cet ordre en deux sous-ordres : les *Rhopalocères* à antennes en massue et les *Hétérocères* à antennes de formes variables.

Cette dernière division, de beaucoup l• plus nombreuse en espèces, se subdivise à son tour en cinq grandes tribus d'après le tableau suivant.

I. Rhopalocères.

Antennes grêles avec les derniers articles dilatés en forme de massue, ailes inférieures sans frein. Papillons munis d'une trompe. Les chenilles ont 16 pattes et se transforment en chrysalide sans s'enfermer dans un cocon ni dans la terre.

II. Hétérocères.

1° Antennes épaisses, fusiformes à extrémité incurvée en arrière ; ailes supérieures longues et étroites, les postérieures courtes. Ailes inférieures munies de frein. Trompe très longue. Corps robuste, acuminé en arrière. Tibias armés de 2 paires d'éperons. Palpes labiaux épais. Chenilles à 16 pattes, munies d'une corne sur le segment anal, se transformant en chrysalide dans la terre. SPHINGINES.

2° Antennes toujours pectinées, ailes larges, freins nuls ou rudimentaires. Corps court, laineux, pieds courts et robustes, tibia sans éperons ou ceux-ci très courts disparaissant sous les poils. Palpes labiaux généralement courts. Trompe nulle ou rudimentaire. Chenilles à 16 pattes se transformant en chrysalide dans un cocon plus ou moins soyeux . . . . BOMBYCINES.

3° Antennes longues, généralement filiformes, ailes munies de frein, les supérieures de coloration sombre, les inférieures souvent vivement colorées, ou presque toujours de coloration différente de celle des supérieures. Pattes longues, à tibias munis de 2 paires d'éperons, corps large et velu, acuminé en arrière. Palpes labiaux très developpés. Une trompe. Les chenilles se transforment le plus souvent en chrysalide dans la terre . . . . . NOCTUELLINES

4° Antennes de formes variables généralement filiformes, corps grêle. Pieds longs, tibias munis d'éperons. Une trompe. Coloration et ornementation des ailes inférieures rappelant celle des ailes supérieures. Les chenilles ont 10 à 12 pattes et se transforment en chrysalide dans la terre . . . . GÉOMETRINES

5° Papillons très petits, munis de longues antennes filiformes et de palpes maxillaires bien développés composés souvent de 4 ou 5 articles. Chenilles à 16 pattes se transformant de manières très diverses. Leur petitesse suffit à les exclure de toutes les autres tribus . . . . MICROLÉPIDOPTÈRES.

TRIBU DES BOMBYCINES

On sait par le tableau qui précède que le caractère le plus constant chez les papillons de cette tribu est celui des antennes pectinées, très largement chez les mâles, plus faiblement chez les femelles.

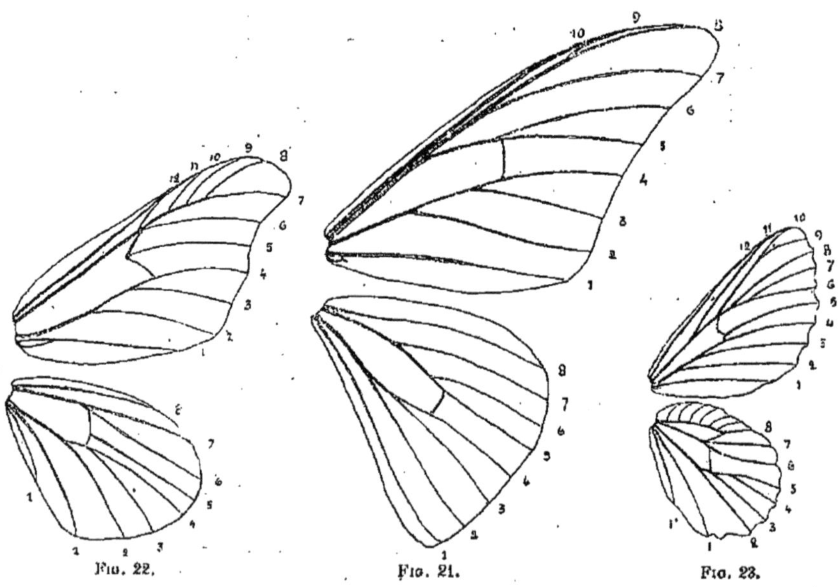

FIG. 22. FIG. 21. FIG. 23.

Tous ces insectes ne prennent aucune nourriture durant leur dernier état, c'est-à-dire lorsqu'ils sont devenus papillons, cette dernière phase de leur existence est uniquement consacrée à la reproduction.

Un fait constant dans les lois de la nature est que tout organe inutile disparait ou s'atrophie, c'est ce qui explique l'absence de trompe chez les insectes de cette tribu.

Ils ont tous le corps épais et couvert de poils longs et laineux, les pattes courtes et les tibias sans épines apparentes ; leurs ailes sont dépourvues de freins ou ceux-ci sont rudimentaires.

Les Bombycines se divisent en trois grandes familles, d'après les caractères suivants tirés de la charpente alaire.

1° Nervure sous-costale, sensiblement parallèle à la nervure costale et presque contiguë à celle-ci. 10 nervures seulement atteignant le bord antérieur et la marge. Nervure n° 5 atteignant la cellule médiane à sa partie supérieure (fig. 21) . . . . . SATURNIDÆ.

2° Nervure sous-costale s'éloignant de la costale. 12 nervures atteignant le bord antérieur et la marge. Nervure n° 5 atteignant la cellule médiane vers le milieu de la nervure intercostale (fig. 22), palpes courts . . . . BOMBYCIDÆ.

3° Nervure sous-costale s'éloignant encore davantage de la costale. Nervure n° 5 atteignant la cellule médiane au bas de la nervure intercostale. 11 ou 12 nervures atteignant le bord antérieur et la marge (fig. 23), palpes généralement bien développés. LASIOCAMPIDÆ

1re FAMILLE : *SATURNIDÆ*

Le caractère le plus constant et le plus saisissable qui permet à première vue de séparer un insecte de ce groupe de ses deux groupes voisins est la présence sur chaque aile d'une tache généralement ocellée d'anneaux diversement colorés, tantôt diaphane, tantôt revêtue de squamules. Cette tache est toujours placée sur la nervure intercostale ou tangente; lorsque cette nervure manque, comme cela se présente dans le groupe des Attaciens, la tache en occupe la place.

Ce sont des papillons de grande taille, à corps velu, laineux, aux ailes larges généralement ornées de brillantes couleurs.

La tête est petite et enfoncée dans le corselet. Les femelles volent peu, elles demeurent généralement immobiles contre les troncs d'arbres près desquels elles ont éclos, les mâles sont toujours de formes plus élancées.

Dans quelques espèces de Saturnides, telles que *Callosamia*, *Cirina*,

Grællsia, etc., les sexes présentent des différences assez sensibles de formes, de dimensions et surtout de coloration.

L'ornementation des ailes présente dans cette famille une sorte de fixité à laquelle peu d'espèces échappent. En dehors de la marque le plus souvent ocellée sur chaque aile, on constate la présence de deux bandes ou rayures transversales plus ou moins larges : l'une entre la tache et la base de l'aile, nous l'appellerons *rayure interne*, R I (fig. 24), l'autre entre la tache et la marge de l'aile, *rayure externe*, R E.

Toutes deux prennent naissance sur le bord antérieur de l'aile et descendent sur le bord inférieur en divisant l'aile en trois zones assez distinctes.

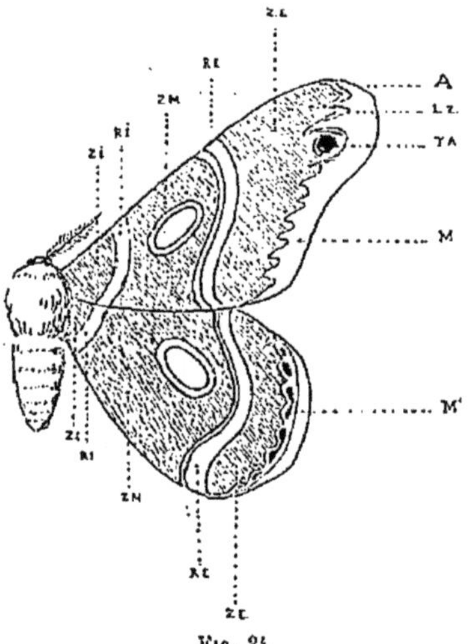

FIG. 24.
Figure théorique d'un Saturnide.

Ces rayures, parfois unicolores, sont quelquefois formées de trois et même quatre lignes contiguës de couleurs différentes.

Pour la facilité des descriptions, nous appellerons *zone interne* la surface comprise entre la rayure interne et la base de l'aile ; *zone médiane*, celle qui est comprise entre la bande externe et la bande interne : cette zone renferme toujours la marque ocellée ; enfin *zone externe* celle qui est située entre la bande externe et la marge de l'aile : cette zone renferme l'apex et la marge.

Beaucoup d'espèces présentent dans l'angle apical des ailes antérieures, une ligne fulgurante, c'est-à-dire en zigzag, blanche, cette ligne enveloppe le plus souvent une tache circulaire noire placée entre la sixième et la septième nervure et presque marginale.

L'envergure ou expansion alaire est la longueur d'une ligne qui réunit les deux apex des ailes antérieures en passant par le centre du thorax.

On conçoit que pour se rendre un compte exact de l'aspect d'une espèce, il ne peut exister de description assez parfaite pour en donner une image bien saisissable, car les différences d'une espèce à une autre ne résident que dans l'ornementation des ailes et du corps. Aussi nous donnerons chaque fois qu'il nous sera possible le dessin des espèces faisant partie de cette étude.

Cela est tellement nécessaire que l'on s'accorde maintenant en Lépidoptérologie à refuser, comme description valable, toute description non accompagnée d'une gravure représentant l'espèce.

Toutes les espèces, ou a de bien rares exceptions près, se construisent un cocon soyeux pour subir leur nymphose.

Il serait assez difficile de donner une idée de l'aspect général des chenilles de ce groupe, car les unes sont glabres, d'autres sont velues, d'autres ont des anneaux portant des tubercules élevés de chacun desquels partent un petit nombre de poils raides et d'inégales grandeurs.

Malheureusement aussi dans un grand nombre d'espèces les chenilles sont encore inconnues. On peut dire toutefois, d'une manière générale, qu'elles ont la tête petite et les anneaux renflés.

Les cocons généralement à enveloppe double sont tantôt accolés contre les troncs d'arbre, ou dans les anfractuosités de leur écorce, tantôt enveloppés dans les feuilles de l'arbre nourricier, ou simplement libres et suspendus au moyen d'un pédoncule soyeux aux brindilles de l'arbre.

Quelquefois le cocon est réticulaire et laisse voir à travers les mailles de son tissu la chrysalide dans l'intérieur.

Ces insectes sont répandus dans le monde entier et chaque contrée possède ses formes bien distinctes.

Nous diviserons les Saturnides de la façon suivante en trois groupes :

1° Ailes dépourvues de nervure intercostale, c'est-à-dire avec cellule médiane ouverte . . . . ATTACIENS.

2° Ailes avec cellule fermée.

α) Ailes inférieures prolongées en forme de queue, celle-ci soutenue par le prolongement de la nervure anale et toutes les ramifications de la nervure médiane. ACTIENS.

β) Ailes inférieures sans prolongement en forme de queue, ou celui-ci non soutenu par la nervure anale . . . . SATURNIENS propr[t] dits

Premier groupe. — ATTACIENS

Ce groupe très naturel est des mieux caractérisé par la cellule médiane des ailes ouvertes ; les mâles ont les antennes longues, largement bipectinées, très plumeuses; les femelles ont les antennes un peu moins longues seulement et légèrement moins plumeuses, mais toujours, à barbules égales sur le même article.

Les ailes supérieures sont généralement longues, falquées à pointe arrondie dans les deux sexes; l'abdomen est entouré d'une ligne de points tangents, auréolés de couleur claire, imitant un chaînon, séparant la partie dorsale de la partie ventrale. Les taches vitrées des ailes sont de formes variables, depuis la ligne arquée à peine visible jusqu'au cercle parfait ; lorsque celles-ci sont squameuses, elles affectent la forme de reins, de croissant ou de triangle.

Ce sont des papillons de grande taille ornés de couleurs brillantes, qui sont représentés dans toutes les parties du monde, sauf en Europe.

Ils se subdivisent en cinq genres d'après les caractères suivants :

1° Couleur dominante : brun olivâtre ou violacé.
- *A*. Ailes supérieures arrondies, peu falquées; inférieures en demi-cercle.
  - *a)* Taches des ailes squameuses, réniformes ou en ligne brisée, dessus du corselet et de l'abdomen unicolore . . . . CALLOSAMIA.
  - Corselet et anneaux de l'abdomen lisérés de blanc. SAMIA.
  - *b)* Taches des ailes diaphanes, ovalaires ou faiblement réniformes. . . . . EPIPHORA.
- *B*. Ailes supérieures, des mâles surtout, longues, très falquées, peu arrondies au sommet. Taches vitrées des ailes arquées ou en demi-cercle. . . . . . PHILOSAMIA.

2° Couleur dominante : rouge brique ou rouge brun plus ou moins foncé. Taches des ailes vitrées . . . . ATTACUS.

1er GENRE. — **Callosamia.**

PACKARD, *Proc. Ent. Soc. Philad.*, 1864.

Ce genre se distingue des genres suivants par la forme des ailes inférieures qui est plus allongée, surtout chez les mâles, par le thorax et les anneaux de l'abdomen non bordés de blanc, unicolores en dessus.

Espèces relativement petites, et de coloration générale plus sombre chez les mâles.

Les cocons de ce genre sont en général petits, presque cylindriques,

ATTACIENS

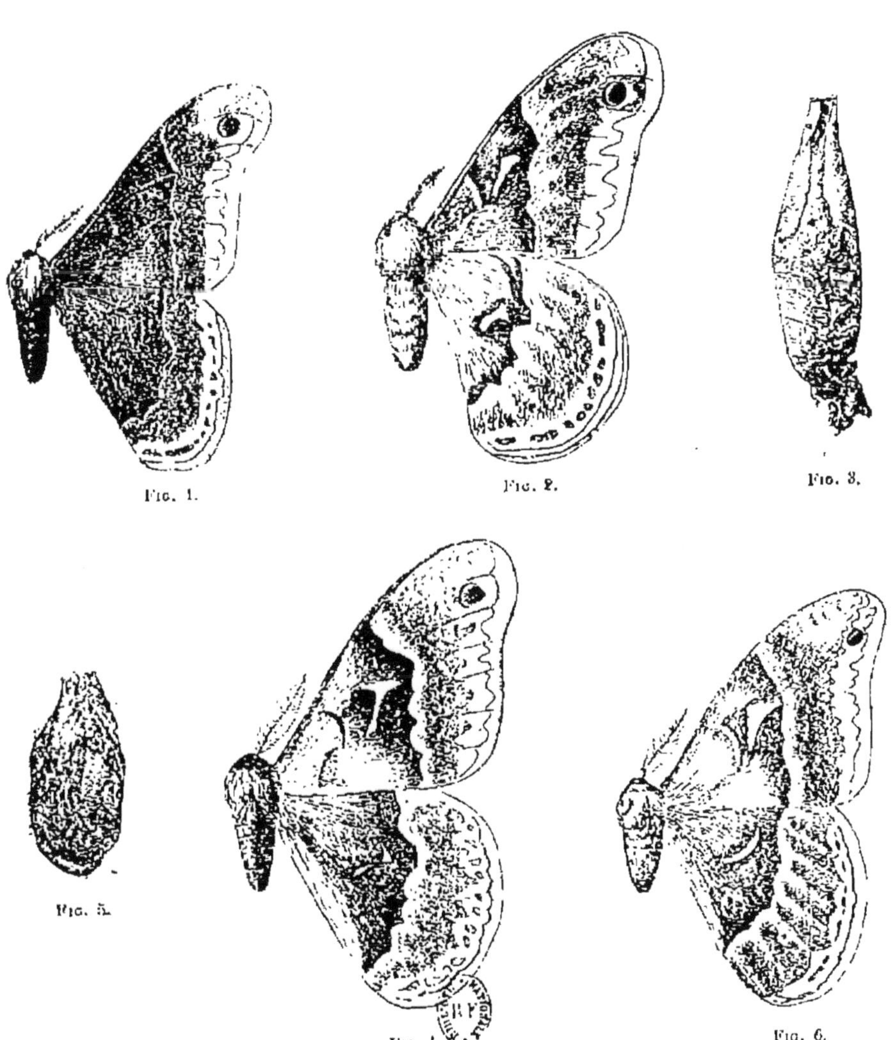

Fig. 1. Fig. 2. Fig. 3.

Fig. 5. Fig. 4. Fig. 6.

Fig. 1. *Callosamia Promethea*, Drury, mâle (v. p. 21).
— 2. — — femelle.
— 3. — — cocon.

Fig. 4. *Callosamia angulifera*, Walker (v. p. 21).
— 5. — cocon.
— 6. — securifera, Maassen et Weymer (v. p. 22).

peu rugueux. Toutes les espèces connues appartiennent à l'Amérique du Nord et Centrale.

1. **Callosamia Promethea**, DRURY *(Attacus P.)*, *Ill. Ex. Ent.*, 1773.

Attacus Promethea, Cram, *Pap. exot.*, pl. LXXV et LXXVI.
Hyalophora Promethea, Duncan, *Nat. Libr. exot. Moth.* 1841.

Envergure, mâle, 10 centimètres ; femelle, 10 cm. 50.

Patrie, Amérique du Nord.

Le mâle a les ailes d'un brun sépia, la rayure interne est à peine visible, sinueuse, tache de l'aile supérieure en forme de T irrégulier et seulement visible sur la face inférieure de l'aile ; bande externe très sinueuse, formée d'une étroite ligne jaunâtre ; marge de l'aile blanc jaunâtre avec un gros cercle noir arqué de blanc à son côté interne.

Les ailes inférieures ont leur marge ornée d'une ligne de taches brunes, irrégulières.

La femelle, très différente du mâle, est de couleur brun rougeâtre clair, les ailes supérieures et inférieures sont plus arrondies, les taches des ailes sont très marquées et de couleur blanc terne, la ligne de taches irrégulières qui borde la marge des ailes inférieures est de coloration rouge brique.

On peut élever, en France, la chenille de cette espèce sur le peuplier, l'épine-vinette, le prunier, le lilas et le cerisier. Cocon allongé, d'un grain fin et serré, enveloppé dans les feuilles de l'arbre nourricier ; de couleur grise plus ou moins jaunâtre, difficile à filer et ne présentant que peu d'intérêt au point de vue industriel, longueur 3 1/2 à 4 sur 1 1/4, 1 1/2 centimètres.

2. **Callosamia angulifera**, WALKER *(Samia A.)*, *Cat. Lep. Het., B. M.*, 1855.

Attacus Atys, Boisd., *in litt.*

Envergure, mâle, 10 centimètres ; femelle, 11 cm. 1/2.

Patrie, États-Unis.

Antennes et corps brun jaunâtre clair.

Le mâle, de coloration générale brun sépia jaunâtre, a une tache blanc terne en forme de T sur l'aile supérieure, le brun de l'aile, presque jaune à la base, se rembrunit de plus en plus en se rapprochant de la rayure externe, cette dernière, très sinueuse, est d'un jaune clair se fondant insensiblement avec le brun de la zone externe, marge jaune clair; apex de couleur rosée près de la ligne blanche en zigzag. Ailes inférieures de même coloration, mais la tache est peu visible, presque linéaire.

La femelle est plus grande, avec une rayure externe plus large, plus blanche, apex de l'aile supérieure brun rosé, vineux, tache en forme de T, bien marquée sur l'aile supérieure, la tache de l'aile inférieure est peu visible et souvent réduite à un point blanchâtre, la ligne de taches irrégulières parallèles à la marge est de couleur brun rouge clair.

Cocon petit, ovoïde, de couleur gris brun foncé; il mesure 3 1/2 sur 1 1/2.

La chenille vit sur le tulipier.

3. **Callosamia securifera**, MAASSEN et WEYMER *(Samia S.)*, *Beitr. Schmett.*, nos 48 et 49, 1873.

Envergure : mâle, 10 cm. 1/2; femelle, 11 cm. 1/2.

De l'Amérique Centrale.

Coloration semblable à celle de l'espèce précédente; mais la tache de l'aile supérieure est presque triangulaire, en forme de hache. De là son nom. Le cocon ne nous est pas encore connu.

Cette espèce ne nous paraît être qu'une race particulière de *C. Angulifera*.

4. **Callosamia Calleta**, WESTWOOD *(Saturnia C.)*, *Proc. Zool. Soc. Lond.*, 1853, p. 166, pl. XXXIII.

Platysamia polycommata, Tepp. *Bull. Brocklyn. Soc.*, 1882.

Envergure : mâle, 12 centimètres; femelle, 14 centimètres.

Patrie, Arizona, Mexique, Guatémala.

Couleur dominante, brun noir.

Thorax bordé antérieurement d'une bande de poils de couleur chair, postérieurement d'une bande moins distincte de couleur fauve sombre.

Mâle, ailes supérieures légèrement falquées, antennes très plumeuses.

Femelle, beaucoup plus grande, ailes antérieures non falquées, presque droites sur le côté marginal avec une tache blanche en forme de T incliné, rayure externe plus rapprochée de la marge sur les ailes

ATTACIENS

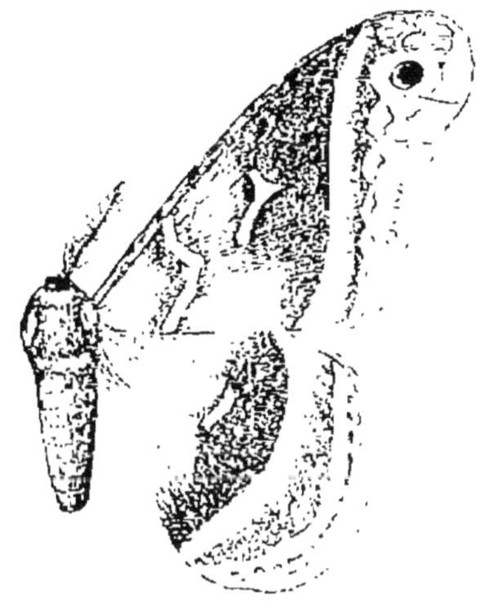

Fig. 1.

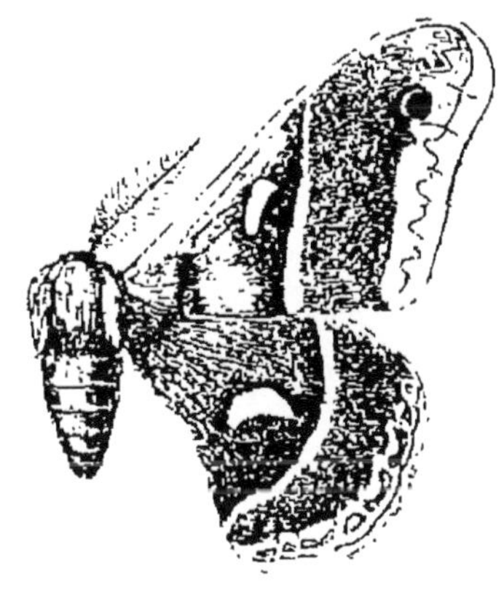

Fig. 2.

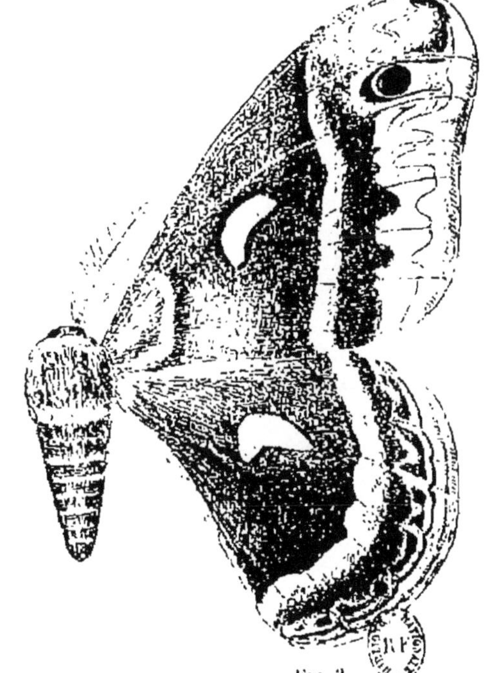

Fig. 3.

Fig. 4.

Fig. 1. *Callosamia Callela*, Westwood (v. p. 22)
— 2. *Samia Colombia*, Smith (v. p. 25).

Fig. 3. *Samia Cecropia*, Linné (v. p. 23)
— 4. — — cocon.

supérieures que sur les inférieures ; zone externe de couleur cendrée uniforme près de la côte antérieure de l'aile, de même couleur mais chargée de squamules fauves au-dessous ; entre la 6e et la 7e nervure, se trouve une grosse tache noire arquée de blanc à son côté interne, limité extérieurement par un espace ferrugineux ; marge d'un jaune sombre vers l'apex, plus pâle en dessous. Ailes inférieures avec marge ornée d'une ligne de petits points noirs, ovales, accompagnée d'une légère ligne ondulée noirâtre.

Le dessous est de couleur plus claire avec les taches plus nettement marquées.

Le cocon nous est inconnu.

2e Genre. — **Samia**.

Hübner, *Verz. Bek. Schmett.*, 1822.

Platysamia, Grote, *Proceed. Ent. Soc. Philad.*, 1865.

La couleur dominante de ce genre est le brun plus ou moins rougeâtre, les taches des ailes, au lieu de présenter leur centre transparent, comme nous le trouverons dans les genres suivants, sont complètement squameuses. Les mâles ont les antennes très longues et très plumeuses, et les ailes dans les deux sexes sont arrondies, non falquées. Les cocons des espèces appartenant à ce genre sont rebelles jusqu'ici à la filature directe.

Ces papillons sont propres à l'Amérique du Nord, toutes les espèces s'élèvent facilement en captivité, et l'hybridation entre chaque espèce est fréquente.

1. **Samia Cecropia**, Linné (Bombyx C.), *Syst. Nat.*, 1758.

Attacus Cecropia, Drury, *Ill. Ex. Ent.*, 1773.
Hyalophora Cecropia, Duncan, *Nat. Libr. Exot. Moths*, 1841.

Envergure : 13 à 17 centimètres.

Patrie : Amérique du Nord.

Antennes brun foncé, presque noires.

Tête, corselet et abdomen brun rouge, corselet bordé antérieurement d'un collier de poils blancs, postérieurement d'une ligne de poils noirs. Chaque segment de l'abdomen se termine par une fine ligne noire suivie d'une ligne blanche. Pattes brun rouge.

Ailes supérieures brun foncé, rayure interne très près de la base de l'aile, d'un blanc terne bordé de noir, rayure externe, blanche intérieurement, rouge extérieurement, tache de l'aile réniforme, allongée, blanchâtre à son centre, devenant rouge sur son pourtour, lequel est liséré de noir. Un cercle noir arqué de blanc bleuâtre à son côté interne, entre les nervures 6 et 7 ; de ce cercle part une ligne blanche en zigzag remontant vers l'apex. La partie comprise entre cette ligne et la marge est rouge d'abord, puis devient gris jaunâtre sur la marge ; la bordure marginale au-dessous de ce cercle est d'un gris jaunâtre et parcourue par une ligne sinueuse noire.

Ailes inférieures avec tache en forme de virgule, bordure interne blanchâtre, presque basale, externe d'un blanc pur et plus large que sur les ailes supérieures.

Les femelles ont les antennes un peu moins longues que celles des mâles et les ailes ont leur marge un peu moins incurvée.

Cocon, atteint jusqu'à 8 centimètres de longueur, de couleur fauve plus ou moins foncé, tissu fin avec quelques rides longitudinales, mais la soie n'a pu être utilisée jusqu'à ce jour, les cocons sont bons pour le cardage seulement.

On peut élever facilement en France cette chenille sur le prunier, le prunellier et l'aubépine ; c'est une chenille des plus robustes et d'une éducation facile, contrairement à certaines autres chenilles de séricigènes telles que Yama maï et Pernyi qui se déplacent fréquemment des branches sur lesquelles on les élève, cette chenille n'est pas coureuse si les branches nourricières sont maintenues abondantes et fraîches.

Au premier âge, la chenille est noire hérissée de petites épines.

Au deuxième âge, jaune clair avec épines noires terminées par un faisceau de poils.

Au troisième âge, vert clair avec une rangée dorsale de grosses épines jaunes et deux rangées latérales d'épines bleues.

Au quatrième âge, d'un beau vert clair avec épines dorsales et latérales comme ci-dessus, mais les cinq épines de la tête et la dernière dorsale prennent la forme de tubercules hérissés de poils et sont d'un beau rouge orangé.

2. **Samia Gloveri**, Streck *(Platysamia G.)*, *Lep.*, 1872, 1878.

Envergure, 13 centimètres.

ATTACIENS

FIG. 2.

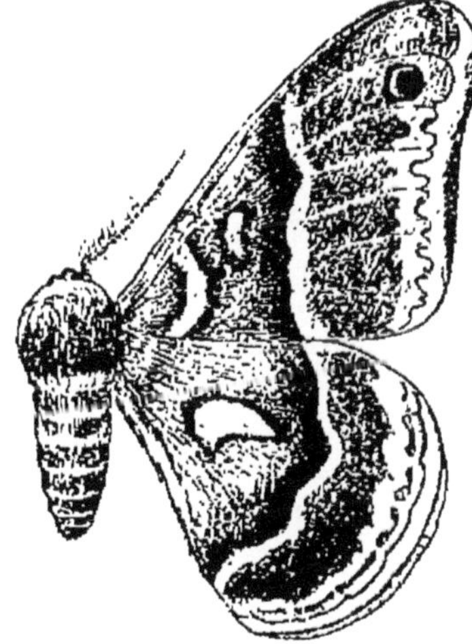

FIG. 1.

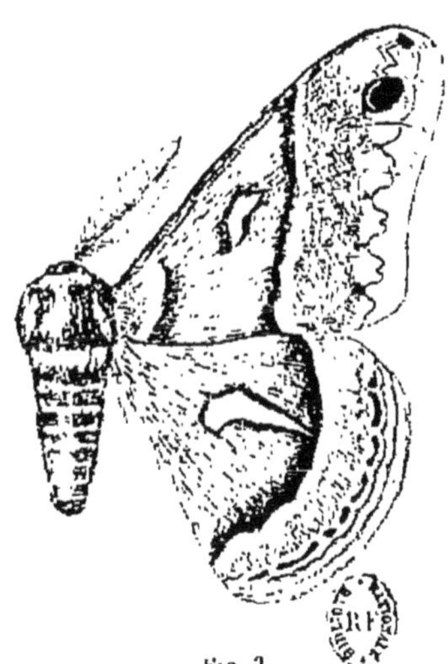

FIG. 3.

FIG. 4.

Fig. 1. *Samia Gloveri*, Streck (v. p. 24).
— 2. — — cocon (v. p. 25).

Fig. 3. *Samia Californica* Grote (v. p. 25).
— 4. — — cocon.

Patrie, Du Mexique à la Californie et dans l'Arizona.

Antennes brun clair.

Tête, corselet et abdomen brun rougeâtre, corselet bordé en avant d'un collier de poils blancs, anneaux de l'abdomen lisérés de brun foncé et de blanc terne. L'ornementation des ailes est tout à fait semblable à celle de l'espèce précédente, mais la couleur foncière est d'un brun sépia ; le bord antérieur de l'aile et une partie du fond sont d'un brun rougeâtre, les bandes externes et internes ont la couleur blanche plus terne, enfin cette espèce est toujours plus petite que la précédente.

Le cocon mesure 50 sur 30 millimètres, piriforme, rugueusement plissé, de couleur gris de fer terne ayant quelques reflets argentés.

3. **Samia Columbia**, Smith, *Proc. Bost. Soc.*, 1865.

Envergure, 11 centimètres.

Patrie, Amérique du Nord.

Antennes brun rougeâtre. Couleur dominante des ailes, brun noirâtre. Tête, corselet et abdomen brun rouge.

Corselet avec collier antérieur de poils blancs.

Segments abdominaux lisérés de blanc et de noir.

Ailes supérieures et inférieures de coloration identique à celle de l'espèce précédente.

Le cocon est de forme allongée ; il mesure 4 cm. 1/2 sur 2 centimètres, de couleur gris de fer, rugueux avec des taches linéaires blanchâtres argentées.

Cette espèce, qui est un diminutif de l'espèce précédente, n'est pas rare dans l'Amérique du Nord et Centrale, nous la considérons comme une race *minor* de *Cecropia ;* de même que *Gloveri*, elle n'est pour nous qu'une race intermédiaire.

4. **Samia Californica**, Grote *(Platysamia C.)*, *Proc. Ent. Soc. Philad.*, 1865.

Saturnia Ceanothi, Behr., *Proc. Calif. Acad.*, 1868.
— Boisd , *Ann. Soc. Ent. Belg.*, XII, 1869.
Samia Euryalus, Streck, *Lep.*, 1875.
— **rubra** Behr., 1855.

Envergure, 12 centimètres.

Patrie, Californie.

Antennes brun noirâtre. Couleur dominante, rouge brique.

Tête, corselet et abdomen rouge brun, corselet bordé antérieurement et postérieurement d'une ligne de poils blancs. Segments de l'abdomen, lisérés de blanc.

Ailes supérieures, rayure interne rapprochée de la base, blanchâtre bordée de noir extérieurement, rayure externe légèrement anguleuse, noire intérieurement, blanc extérieurement. Bordure marginale jaune terne, la ligne blanche en zigzag réunit une grosse tache noire arquée de blanc à une autre petite tache noire apicale. Tache de l'aile blanc terne affectant la forme d'un trapèze irrégulier.

Ailes inférieures sans rayure interne. Marge de l'aile jaune terne avec deux lignes brunes parallèles à la marge, limitant une suite de taches réniformes irrégulières. Tache de l'aile blanche, en forme de trapèze allongé, irrégulier.

La chenille vit sur le *Ceanothus californica*, elle a été élevée en Europe sur le prunier et sur le saule.

Cocon en forme de poire, d'un gris cendré, parfois avec reflets argentés. Dimensions, 5 × 3 centimètres.

3e Genre. — **Epiphora.**

WALLENGREN, *Wien. Ent. Mon.*, IV, p. 167, 1860.

Faidherbia, Guer. Compt. rend., 1865.

Papillons à taches vitrées, larges et ovalaires, aux ailes antérieures peu ou point falquées, même chez les mâles. Les espèces de ce genre sont toutes propres au continent africain.

Nous reconnaissons que ce genre a bien peu de raison d'être, car il est assez difficile de le séparer nettement du genre *Philosamia* : les ailes plus ou moins falquées, les taches vitrées étroites ou plus ou moins larges ne nous paraissent pas être des caractères suffisants ; toutefois, comme par la forme générale ils se rapprochent du genre *Samia*, il nous paraît utile comme genre de transition.

1. **Epiphora Mythimnia**, WESTW. *(Saturnia M.)*, *Proc. Zool. Soc. London.*, 1849.

Attacus Mythimnia, Walk, *Cat. Lep. Het. B. M.*, 1855.

ATTACIENS

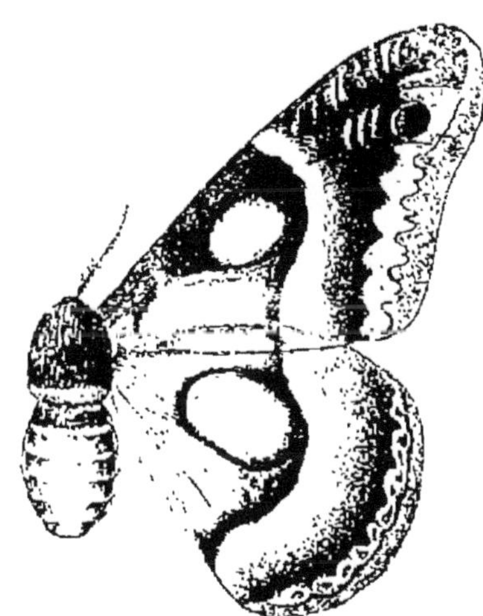

FIG. 1.

FIG. 2.

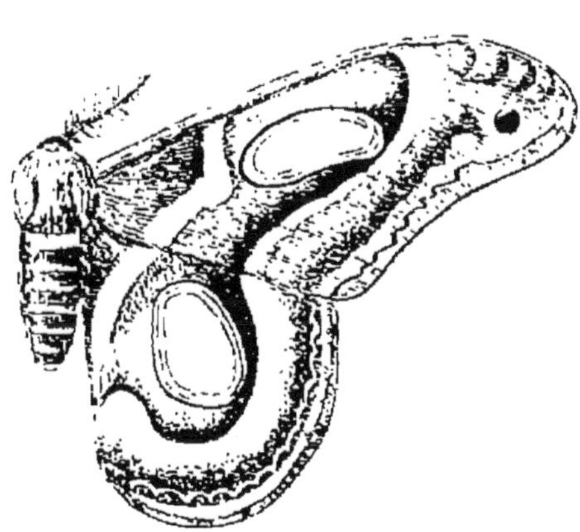

FIG. 3.

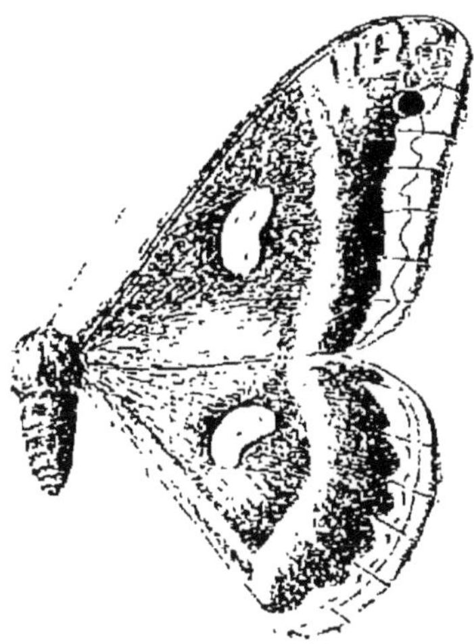

FIG. 4.

Fig. 1. *Epiphora Bauhiniae*, Guérin (v. p. 27)
2. — — cocon.

Fig. 3. *Epiphora Mythimnia*, Westw. (v. p. 28).
4. — *Antinorii*, Oberthür (v. p. 28).

Epiphora Scribonia, Wallengr., *Wien. Ent. Mon.*, 1860, 1865.
— **Perspicua**, Butl, *Ann. Nat. Hist.*, 1878.
— **Atbarina**, Bull, *Cist. Ent.*, 1877.

Envergure, 13 centimètres.
Patrie, Port-Natal.

Ailes supérieures subfalquées, d'un brun sombre ponctué de blanc, rayure externe excurvée près du bord antérieur, s'incurvant près du bord inférieur; lunule vitrée grande, ovale, marginée de blanc puis de jaune; un point noir arqué de blanc à son côté interne, entre les nervures 6 et 7, presque marginal.

Ailes inférieures, avec lunule vitrée plus grande, presque arrondie, la marge de l'aile est ornée d'une ligne de taches demi-circulaires, noires.

Chenille adulte d'un beau vert avec six épines de couleur jaune sur chaque segment, sauf sur les trois segments antérieurs où neuf de ces épines seulement deviennent longues et de couleur bleu turquoise à leur extrémité, leur base restant jaune.

Cocon en forme de patelle avec quelques rides au sommet, de couleur brune, accolé contre les branches nourricières.

2. **Epiphora Bauhiniæ**, Guérin *(Saturnia B.)*, *Icones, R. Anim.*, 1829, 1844.

Attacus Baumhirla, Walk. *Cat. Lep. Het. B. M.*, 1855.

Envergure, 11 à 13 centimètres.
Patrie, Sénégal.
Couleur dominante du fond des ailes, brun violacé.
Antennes, brun jaunâtre.
Thorax bordé postérieurement d'une bande de poils blancs.

Abdomen de couleur foncée près du thorax, devenant plus claire près de son extrémité anale, chaque segment liseré de poils blancs.

Ailes supérieures avec rayure interne incomplète, souvent à peine visible, la moitié inférieure de l'aile étant presque envahie par la couleur blanche; cette portion de l'aile est même souvent transparente; rayure externe blanche, se fondant insensiblement avec le brun violacé de l'aile, s'excurvant autour de la tache vitrée et s'incurvant avant d'atteindre le bord inférieur; apex d'un roux rosé, devenant violet clair au delà de la ligne blanche en zigzag, bordure marginale d'un jaune verdâtre ; tache vitrée ovale bordée de blanc puis de fauve.

Ailes inférieures avec tache vitrée plus grande, plus arrondie, bordure marginale jaune intérieurement et verte extérieurement, la partie jaune ornée d'une ligne de taches brunes irrégulières.

La chenille de cette espèce vit sur le *Ziziphus jujuba*, elle se construit un cocon d'un blanc jaunâtre à reflets argentés, qui mesure 47×22 millimètres maximum.

L'éducation de cette espèce mériterait d'être encouragée, vu la richesse soyeuse de son cocon.

3. **Epiphora Antinorii**, OBERTHUR *(Saturnia A.)*, *Ann. Mus. Genov.*, 1880.

Envergure, 13 centimètres.

Patrie, Abyssinie.

Couleur dominante du fond des ailes, gris brun.

Antennes longues, très plumeuses chez le mâle ; thorax très velu, corps relativement grêle.

Ailes supérieures non falquées chez le mâle, rayure externe blanche, non tangente à la tache vitrée, rayure interne absente; la marge des ailes est teintée de brun plus chargé au côté externe et plus pâle à l'interne, un feston la traverse de haut en bas, partant d'une tache qui commence à l'apex, rosée du côté externe et du côté interne, frangée de blanc de façon très irrégulière, cette tache porte sur la partie supérieure un point noir, et sur la partie inférieure un ovale noir arqué de blanc intérieurement.

Ailes inférieures ourlées de blanchâtre; dans cette teinte blanchâtre existent deux festons bruns et un violacé qui suivent parallèlement le contour de l'aile, la teinte du fond forme au contact du bord blanchâtre une série de saillies intra-nerveuses en mode de dentelure.

Sur chaque aile, une tache vitrée, réniforme, ourlée de noir, puis de rose, et finalement de blanc.

Le cocon nous est inconnu.

ATTACIENS

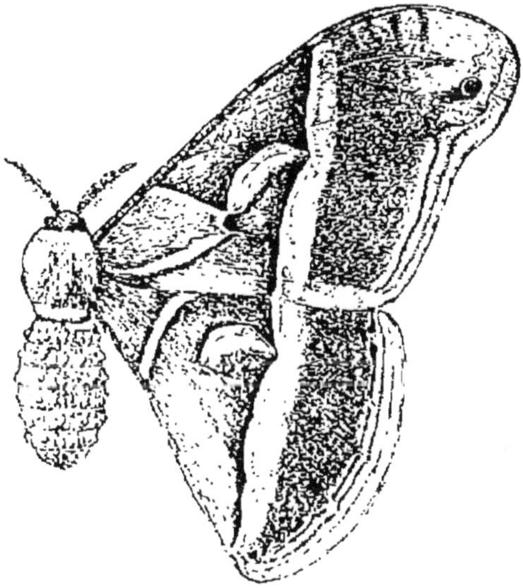

Fig. 2.

Fig. 3.

Fig. 4.

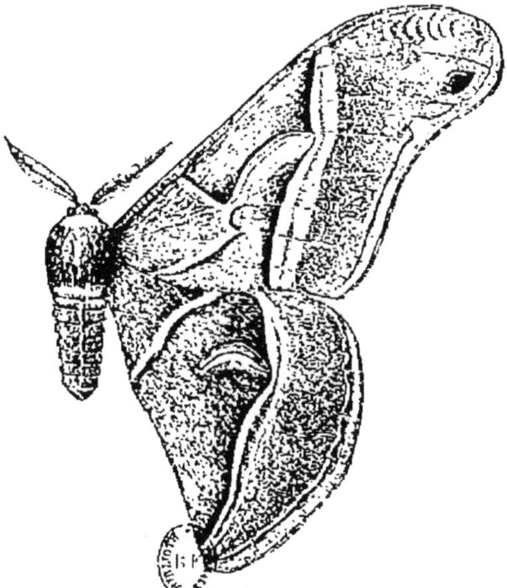

Fig. 1.

Fig. 1 et 2. *Philosamia Cynthia*, mâle et femelle (v. p. 29).
— 3 et 4. Cocons.

4e Genre. — **Philosamia**

Grote, *Proceed. Amer. Phil. Soc.*, XIV (1874).

Samia, Hübn, *Verz. Bek. Schmett.*, p. 156 (1822).

Les espèces de ce genre sont réparties dans les Indes Orientales, la Chine, le Japon, l'archipel Malais et l'Afrique.

Leur couleur dominante est le brun olivâtre plus ou moins foncé pour les espèces asiatiques, et le brun violacé pour les espèces africaines.

1. **Philosamia Cynthia**, Drury, *Exot. ins. II*, pl. VI (1773).

Saturnia Insularis, Wollenhoven, *Rev. Zool.*, XIV, p. 338, 1862.
Attacus Canningi, Walk, *Cat. Lep. Het. B. M.*, XXXII, p. 525.
— **Walkeri**, Feld., *Wien. Ent. Mon.*, 1862.
— **Cynthia**, Cram., *Pap. Exot.* 1, pl. XXXIX.
— **Pryeri**, Butl., *Ill. Het.* III, pl. XLIII, fig. 5.
— **Vesta**, Walker, *loc. cit.*

Envergure, 13 à 15 centimètres.

Patrie, Indes-Orientales, Chine, Japon.

Couleur dominante, brun olivâtre.

Antennes brun clair, palpes à dernier article pointu atteignant presque la longueur de la tête.

Thorax orné d'un fin collier de poils blancs à sa partie antérieure, et d'une bande de même couleur à sa partie postérieure.

Le premier segment de l'abdomen est blanc, les suivants portent trois rangées de faisceaux de poils blancs ; une rangée dorsale formant une ligne blanche non interrompue et deux rangées latérales de faisceaux blancs non réunis ; dernier segment blanc.

Le dessous de l'abdomen est orné de deux lignes d'anneaux auréolés semblables aux deux lignes latérales séparant le dos de l'abdomen.

Pattes : côté interne des fémurs, extrémité des tibias et des tarses blancs.

Ailes supérieures, une tache diaphane très étroite, arquée, auréolée de blanc et de noir à son côté supérieur, de jaune à son côté inférieur, se fondant insensiblement avec le brun olivâtre foncé de l'aile ; la rayure externe part des deux tiers du bord antérieur, s'incurve légèrement et vient contourner l'extrémité de la tache vitrée, puis s'incurve encore avant d'atteindre le bord inférieur de l'aile, elle est noire à son côté interne, blanche intérieurement et rose extérieurement, cette dernière couleur parsemée de squamules blanches. La rayure interne est blanche, bordée de noir extérieurement ; elle part du premier quart du bord antérieur de l'aile, se dirige obliquement vers la base de la tache vitrée, s'incurve entre les nervures 2 et 3, puis revient en ligne droite à la base de l'aile. Une tache arrondie, noire, près de la marge, entre les nervures 6 et 7, est bordée d'un arc blanc à son côté interne, elle est accompagnée d'une ligne blanche en zigzag qui remonte jusqu'à l'apex. Cette ligne et cette tache limitent extérieurement et inférieurement un espace irrégulier de couleur violacée claire.

Ailes inférieures : la rayure interne contourne sans la toucher la tache vitrée et se réunit à la rayure externe qui vient atteindre l'extrémité de cette tache et qui redescend en s'incurvant jusqu'à l'extrémité inférieure de l'aile. La marge de ces ailes est ornée d'une ligne brunâtre limitant une série de petites taches allongées, irrégulières, disposées parallèlement à celle-ci.

Larves : 1er âge jaune pâle avec rangées dorsales et latérales de tubercules recouverts de pulvérulence blanche ; 2e âge, blanc pur avec la tête et les pattes jaunes, la partie inférieure du corps devient d'un vert clair, une ligne de points noirs se dessine entre chaque ligne de tubercules ; 3e âge, complètement blanche, avec stigmates cerclés de noir ; 4e et 5e âges, d'un beau vert absinthe, plus blanc sur la partie dorsale que sur la partie ventrale, dernier segment anal jaune ; longueur au dernier âge 7 cm. 1/2.

La chenille se nourrit dans l'Inde des feuilles de l'*Ailantus glandulosus*, de l'*Ailantus excelsa*, du *Xanthoxylon hostile*, du *Coridra Nepalensis*, etc. Cette espèce est d'une éducation facile en France, la chenille peut s'élever sur le lilas et sur l'ailante ; elle s'est acclimatée aux environs de Paris où elle vit en liberté sur les ailantes des boulevards.

Dans les diverses éducations que le Laboratoire a faites de ces insectes, il a toujours été constaté qu'en présence des feuilles du lilas et de l'ailante, les chenilles donnaient toujours la préférence au lilas.

Cocon de forme olive allongée, enveloppé dans les feuilles de l'arbre nourricier, longueur 38 à 45 sur 16 à 18 millimètres, de couleur gris jaunâtre ; les cocons ont peu de valeur commerciale et sont, la plupart, envoyés en Europe avec les cocons percés et les déchets de soie.

ATTACIENS

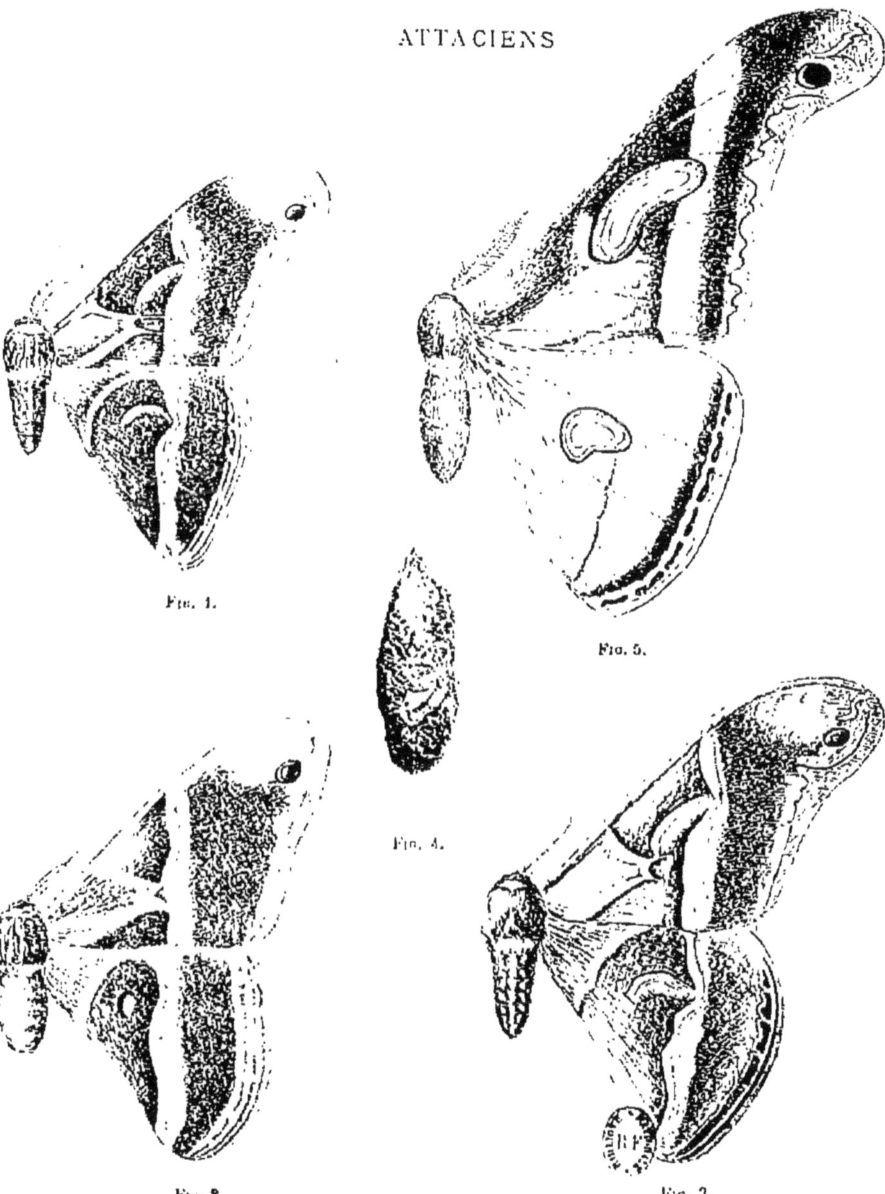

Fig. 1. — Fig. 2. — Fig. 3. — Fig. 4. — Fig. 5.

Fig. 1. *Philosamia Ricini*, Boisduval, type (v. p. 31).
— 2 et 3, — — Variétés.

Fig. 4. *Philosamia Ricini*, cocon.
— 5. — *Vacuna*, v^té, *albica*

Le *Phil. insularis*, Woll, est spécial aux îles de la Sonde; c'est une variété à couleur olivâtre moins foncée, et où la partie rose de la rayure externe a plus d'étendue et plus de vigueur; cette couleur se prolonge en pointe sur chaque nervure en forme de feston.

Phil. Canningi, Walk., variété à coloration plus brillante, le brun de l'aile est d'un jaunâtre vif, le rose de la rayure externe est plus vif également, et la bordure marginale des ailes est presque jaune.

Le cocon de cette variété est un peu plus petit.

Le *Phil Valkeri*, Feld, ressemble à la variété *insularis*, mais de coloration plus vive; il se trouve à Cachar et dans la Chine, sa larve vit sur le *Cinnamomum camphora*.

Le cocon est semblable à celui du type.

2. **Philosamia Ricini**, Boisduval, *Ann. Soc. Ent. France, 1854.*

Philosamia Lunula, Walk, *Cat. Lep. Het. B. M.*, 1855.
Attacus Guerini, Moore, *Cat. Lep. Mus. E. I. House*, 1859.
— **Obscurus**, Butl., *Trans. Ent. Soc. London*, 1879.
Saturnia Iolo, Westw., *Proc. Zool. Soc. London*, 1881,
Phalena Cynthia, Rochebr., *Trans. Linn. Soc. London*, 1804.
Saturnia Arindi, Royle, *Rep. Paris. Exhib.*, 1856.
Attacus Ricini, Hutton, *J. Agric. Hort. Soc. Ind.*, 1863.

Envergure, mâle 10 à 11 centimètres; femelle 11 à 11 1/2 centimètres.

Patrie, Indes-Orientales, Sikhim, Assam, Chine.

Cette espèce ne diffère de la précédente que par une coloration plus pâle, moins olivâtre et une taille moindre, les lignes ornementales des ailes sont tout à fait semblables, toutefois, les anneaux de l'abdomen sont frangés de poils blanchâtres, et les faisceaux de poils blancs si visibles dans l'espèce précédente, font presque défaut dans cette espèce. Chez certains sujets, la tache transparente arquée de l'aile inférieure est réduite à un simple point blanchâtre sans partie vitrée.

Phil. Guerini, Moore, n'est qu'une aberration.

Phil. obscurus, Butl., est une race plus sombre et plus large qui vit à Cachar.

Phil. Iole, Westw., est une monstruosité assez fréquente, aux ailes inférieures allongées et à zone externe des ailes d'un gris fauve clair[1].

Phil. Pryeri, Butl., race septentrionale, un peu plus grande et de couleur plus foncée, de Yokohama.

Le *Phil. Ricini* est élevé à l'état demi-domestique dans l'Assam, le Rungpore, à Dinagepore, dans l'Est du Bengale et à Mussorie où il est connu sous le nom d'*Eri d'Assam*. Il est nourri sur le *Ricinus communis*, il vit aussi sur l'*Ailantus excelsa* et *glandulosa*.

Les sujets trouvés à l'état sauvage, de coloration beaucoup plus vive sont tout à fait analogues à la variété *Canningi* de l'espèce précédente.

La chenille est élevée dans l'Assam, dans l'intérieur des habitations, avec les feuilles du Ricin et de la même façon que le *Bombyx* du mûrier, on obtient jusqu'à six récoltes par an.

Les cocons diffèrent sensiblement de ceux de *Cynthia*, ils sont de consistance molle et varient de coloration depuis le blanc pur dans certaines régions de l'Assam, jusqu'au brun plus ou moins rougeâtre dans le Bengale; ils sont aussi de dimensions moindres.

Dans l'Inde, ces cocons sont effilochés et cardés, puis filés au fuseau.

D'après M. Nathalis Rondot, presque toute la soie récoltée est tissée par les indigènes. Les étoffes qu'on en obtient sont en général grossières, mais leur solidité et leur durée sont extraordinaires. Elles sont recherchées également par les pauvres et par les riches pour en faire des vêtements[2].

3. **Philosamia Vacuna**, Westwood[3], *Proceed. Zool. Soc. London*, p. 39, 1849.

Attacus Albidus, Druce, *Proceed. Zool., Soc. London*, p. 409, 1886.

Envergure, 15 à 18 centimètres.

Patrie, pays des Ashantes.

Couleur dominante, brun violacé.

Antennes fauves. Corselet bordé postérieurement d'une bande blanche, anneaux de l'abdomen finement lisérés de blanc.

[1] Considéré aussi par M. W. Rothschild comme une monstruosité, cet auteur l'aurait obtenu d'éducations faites au *Zoological Garden*, d'œufs fécondés par un mâle de Ricini (*Novitates zoologicale*, v. II, 1895).

[2] *L'Art de la soie*, t. II, page 98.

[3] Toutes les espèces africaines incluses par M. Kirby dans le genre *Philosamia* ont été séparées par M. Walter Rothschild qui a cru devoir créer le nouveau genre *Drepanoptera*,

ATTACIENS

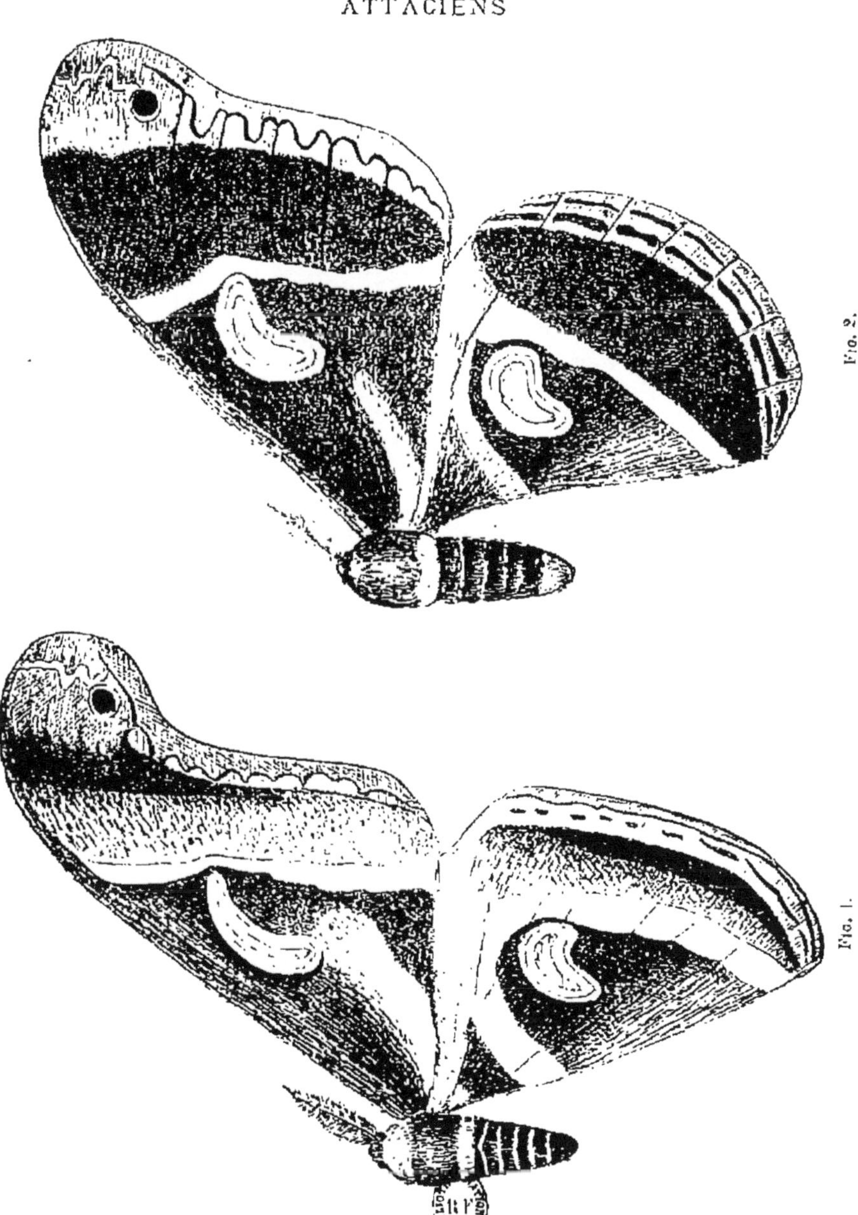

Fig. 1 et 2. *Philosamia Plœtzi*, Plötz, mâle et femelle (v. p. 33).

Ailes supérieures falquées avec tache noire arquée à son côté interne, près de la marge entre les nervures 6 et 7 ; partie comprise entre la ligne en zigzag blanche et la marge de l'aile de couleur rose vif, marge fauve clair, taches vitrées arquées plus larges que dans les espèces précédentes, cernées par trois bandes étroites : l'interne blanche, la médiane jaune, l'externe noire, rayure interne blanche, large, arquée, se fondant avec le brun de la base de l'aile, rayure externe large, blanche, légèrement sinueuse, se fondant avec le brun violet de la zone externe.

Ailes inférieures. La rayure interne blanche se réunit à l'externe immédiatement au-dessus de la tache vitrée qui est en demi-cercle ; la couleur blanche de ces deux bandes envahit chez certains individus toute la base et le côté antérieur de l'aile; la marge de couleur fauve verdâtre est ornée d'une ligne de taches noires ovalaires géminées, plus ou moins irrégulières, suivie d'une ligne parallèle d'un brun plus pâle.

Le Phil. *Albidus*, Druce, a les ailes inférieures complètement envahies par la couleur blanche, sauf une bordure étroite d'un brun violacé contiguë à la marge.

Chez les femelles, les taches vitrées sont beaucoup plus larges.

Le cocon ne nous est pas connu.

4. **Philosamia Plœtzi,** PLÖTZ (*Samia P.*) *Stett. Ent. Zet.*, p. 86, 1880.

Philosamia Plœtzi, Maass. et Weym., *Beitr. Schmett*, fig. 66 et 67, 1880.
— **Victoria,** Maass. et Weym., *Beitr. Schmett*, 1886.
— **Getula** Maass et Weym, *Beitr. Schmett*, fig. 68 et 69, 1881.
Samia Plœtzi, femelle. Plotz, *loc. cit.*, 1880.

Envergure 20 à 21 centimètres.

Patrie, Afrique occidentale.

Couleur dominante, brun violacé.

Thorax orné postérieurement d'une bande de poils blancs, rayure interne incomplète n'atteignant pas le bord antérieur de l'aile externe, blanche, légèrement sinueuse, tangente à la tache vitrée, cette dernière

se basant sur la dissemblance des sexes ; les mâles ayant les ailes très falquées et les femelles les ailes arrondies et obtuses, tandis que, dans les espèces asiatiques, les femelles ont sensiblement le même aspect que celui des mâles. Il nous semble pourtant difficile d'établir cette distinction, attendu que toutes les espèces africaines n'ont pas les sexes dissemblables, témoin *Epiphora Bauhiniæ* et que, à part une coloration différente, nous retrouvons la même ornementation.

presque réniforme auréolée de blanc, de jaune, puis de noir ; bordure marginale de l'aile d'un jaune verdâtre sillonnée par une ligne en feston d'un brun noir. Un ovale noir arqué de blanc intérieurement, près de la marge est surmonté d'une ligne blanche en zigzag, traversant une surface d'un beau violet clair du côté de la rayure externe, et d'un rose rouge près de l'apex ; sur les ailes inférieures, la tache vitrée a la forme d'un demi-cercle, les deux rayures blanches se réunissent au-dessus de celle-ci, bordure marginale jaune finement lisérée de verdâtre.

La femelle a les ailes à peine falquées, larges, les inférieures très arrondies, de couleur brun non violacé, bordure marginale moins verdâtre, sur les ailes inférieures, deux rangées de taches brunes parallèles à la marge.

Les taches vitrées sont plus larges que chez le mâle. Cocon inconnu.

5me Genre. — Attacus.

Linné, *Syst. Nat.* I. (2), p. 809, 1767.

Hyalophora, Dunc. *Nat. Lib. Exot. Moth.*, 1841.

Ce genre renferme les plus grands papillons connus, leur coloration dominante est le rouge brique plus ou moins foncé ou teinté de rose ; sur les quatre ailes, une tache vitrée généralement grande, variant selon les espèces de la forme triangulaire à la forme circulaire.

Les antennes très longues et très plumeuses chez les mâles atteignent souvent une longueur plus grande que celle du thorax ; chez les femelles, elles sont à peine aussi longues, mais elles sont toujours bipectinées à barbules égales sur le même article.

Ces papillons sont répandus dans l'Inde, l'Archipel Malais, et dans l'Amérique Centrale et du Sud, mais les espèces asiatiques et malaisiennes ont un faciès bien spécial et se distinguent à première vue des espèces du Nouveau Continent.

Les premières atteignent souvent de très grandes dimensions, et les mâles ont les ailes longues et falquées, tandis que les secondes, de dimensions généralement plus faibles et même petites ont les ailes à peine incurvées sur leur marge, arrondies au sommet.

Certaines espèces américaines produisent des cocons assez riches en soie et d'un dévidage possible ; ils seront certainement utilisés dans

ATTACIENS

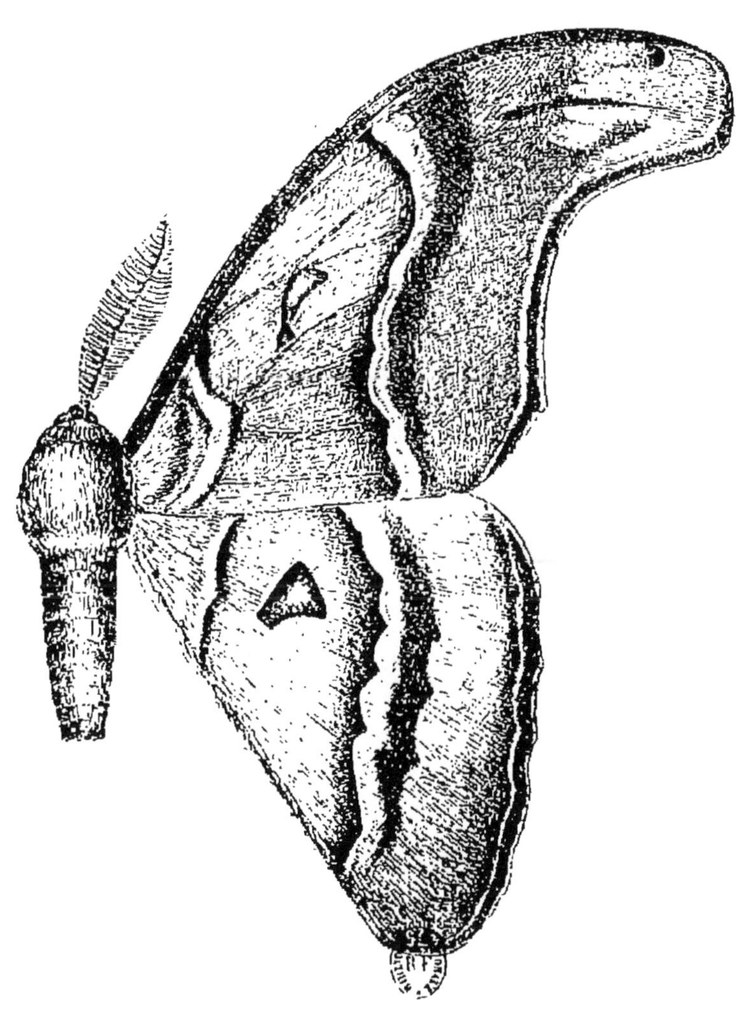

Attacus Crameri, Felder (v. p. 35).

l'avenir, mais les espèces asiatiques ont des cocons jusqu'à ce jour indévidables et bons seulement pour le cardage.

La différence d'aspect que nous venons de signaler permet de diviser ce genre en deux sections.

1° Espèces asiatiques.

Ailes supérieures grandes, bien plus longues que les inférieures et très falquées chez les mâles. Thorax non bordé antérieurement d'un collier de poils blancs. Quelquefois une ou deux taches diaphanes lenticulaires au-dessus de la grande tache. Une tache noire presque apicale entre la 7e et la 8e nervure. Ailes inférieures triangulaires ou à extrémité légèrement arrondie. Antennes des mâles très grandes et très plumeuses.

2° Espèces américaines.

Ailes supérieures un peu plus longues seulement que les ailes inférieures, peu falquées même chez les mâles, ailes inférieures allongées, presque rectangulaires ou en quart de cercle. Un groupe généralement de trois taches noires irrégulières entre la 6e et la 7e nervure près de la marge. Thorax bordé antérieurement d'un collier de poils blancs.

Antennes des mâles à peine plus grandes que celles des femelles.

ESPÈCES ASIATIQUES

1. **Attacus Crameri**, Felder, *Sitz. Akad. Wis. Wien*, *1861*.

Attacus Atlas, Cramer. *Pap. Exot.*, pl. 381 C., 382 A.

Envergure, 23 à 25 centimètres.

Patrie, Amboine.

Couleur dominante, brun rouge foncé.

Antennes fauves, thorax bordé postérieurement d'une ligne de poils blancs.

Ailes supérieures, zone interne petite, noirâtre vers la rayure interne, zone médiane uniformément brune, sauf près des rayures où elle devient presque noire, tache de l'aile squameuse, triangulaire, à centre blanc devenant jaune foncé vers la limite qui est noire ; rayure externe blanche à sa partie supérieure s'effaçant presque près du bord inférieur. Zone externe brune avec une fascie noire, parallèle et contiguë à la rayure externe. Apex rose vineux vif; une tache noire contiguë au bord antérieur est entourée d'une ligne en zigzag blanche qui limite la partie rosée de l'apex, marge étroite brun jaune foncé.

Ailes inférieures, même coloration, mais la tache est en forme de hache, la marge étroite d'un brun jaune foncé; le cocon de cette rare espèce nous est inconnu. La description et le dessin ont été faits d'après le spécimen du Muséum de Genève.

2. Attacus Imperator, Kirby.

Attacus Cæsar ♂, Maass. et Weym., *Beitr. Schmett*, fig. 23, 1873.

Envergure, 25 centimètres.

Patrie, Bohol, voisin de Crameri, mais la rayure externe est presque rectiligne, la coloration générale d'un rouge plus doré, les ailes supérieures sont ornées de trois taches espacées, cerclées de noir ; sur les ailes inférieures deux taches seulement, mais contiguës.

C'est une espèce très rare dont le cocon nous est inconnu.

3. Attacus Dohertyi, W. Rothschild.

Novitates Zoologicale, vol. II, 1895.

Envergure, 23 centimètres.

Patrie, Timor et Flores.

Couleur dominante très rapprochée de celle de *Crameri*, mais plus rosée, les taches sont vitrées et plus larges, la côte et la base des ailes sont d'un rouge profond densément parsemées de squamules bleuâtres.

La zone médiane devient noire vers la rayure externe et forme une ligne noire profondément dentelée. La rayure externe est blanche intérieurement, marron rouge brillant extérieurement ; la zone externe est d'un brun d'argile ; elle présente près de la rayure externe une large bande d'un brun profond densément parsemée de squamules bleuâtres ; apex d'un rouge brillant.

Ailes inférieures même coloration, mais la ligne submarginale est accompagnée intérieurement d'une rangée de larges et brillantes taches rouges. Tête, thorax et abdomen rose brun.

Le dessous des ailes est semblable au dessus comme décoration, mais l'avenir, mais les espèces asiatiques ont des cocons jusqu'à ce jour indévidables et bons seulement pour le cardage.

La différence d'aspect que nous venons de signaler permet de diviser ce genre en deux sections.

1° Espèces asiatiques.

Ailes supérieures grandes, bien plus longues que les inférieures et très falquées chez les mâles. Thorax non bordé antérieurement d'un collier de poils blancs. Quelquefois une ou deux taches diaphanes lenticulaires au-dessus de la grande tache. Une tache noire presque apicale entre la 7e et la 8e nervure. Ailes inférieures triangulaires ou à extrémité légèrement arrondie. Antennes des mâles très grandes et très plumeuses.

2° Espèces américaines.

Ailes supérieures un peu plus longues seulement que les ailes inférieures, peu falquées même chez les mâles, ailes inférieures allongées, presque rectangulaires ou en quart de cercle. Un groupe généralement de trois taches noires irrégulières entre la 6e et la 7e nervure près de la marge. Thorax bordé antérieurement d'un collier de poils blancs.

Antennes des mâles à peine plus grandes que celles des femelles.

ESPÈCES ASIATIQUES

1. **Attacus Crameri**, Felder, *Sitz. Akad. Wis. Wien*, *1861*.

Attacus Atlas, Cramer. *Pap. Exot.*, pl. 381 C., 382 A.

Envergure, 23 à 25 centimètres.

Patrie, Amboine.

Couleur dominante, brun rouge foncé.

Antennes fauves, thorax bordé postérieurement d'une ligne de poils blancs.

Ailes supérieures, zone interne petite, noirâtre vers la rayure interne, zone médiane uniformément brune, sauf près des rayures où elle devient presque noire, tache de l'aile squameuse, triangulaire, à centre blanc devenant jaune foncé vers la limite qui est noire ; rayure externe blanche à sa partie supérieure s'effaçant presque près du bord inférieur. Zone externe brune avec une fascie noire, parallèle et contiguë à la rayure externe. Apex rose vineux vif; une tache noire contiguë au bord antérieur est entourée d'une ligne en zigzag blanche qui limite la partie rosée de l'apex, marge étroite brun jaune foncé.

Ailes inférieures, même coloration, mais la tache est en forme de hache, la marge étroite d'un brun jaune foncé; le cocon de cette rare espèce nous est inconnu. La description et le dessin ont été faits d'après le spécimen du Muséum de Genève.

2. Attacus Imperator, Kirby.

Attacus Cæsar ♂, Maass. et Weym., *Beitr. Schmett*, fig. 23, 1873.

Envergure, 25 centimètres.

Patrie, Bohol, voisin de Crameri, mais la rayure externe est presque rectiligne, la coloration générale d'un rouge plus doré, les ailes supérieures sont ornées de trois taches espacées, cerclées de noir ; sur les ailes inférieures deux taches seulement, mais contiguës.

C'est une espèce très rare dont le cocon nous est inconnu.

3. Attacus Dohertyi, W. Rothschild.

Novitates Zoologicale, vol. II, 1895.

Envergure, 23 centimètres.

Patrie, Timor et Flores.

Couleur dominante très rapprochée de celle de *Crameri*, mais plus rosée, les taches sont vitrées et plus larges, la côte et la base des ailes sont d'un rouge profond densément parsemées de squamules bleuâtres.

La zone médiane devient noire vers la rayure externe et forme une ligne noire profondément dentelée. La rayure externe est blanche intérieurement, marron rouge brillant extérieurement ; la zone externe est d'un brun d'argile ; elle présente près de la rayure externe une large bande d'un brun profond densément parsemée de squamules bleuâtres ; apex d'un rouge brillant.

Ailes inférieures même coloration, mais la ligne submarginale est accompagnée intérieurement d'une rangée de larges et brillantes taches rouges. Tête, thorax et abdomen rose brun.

Le dessous des ailes est semblable au dessus comme décoration, mais

ATTACIENS

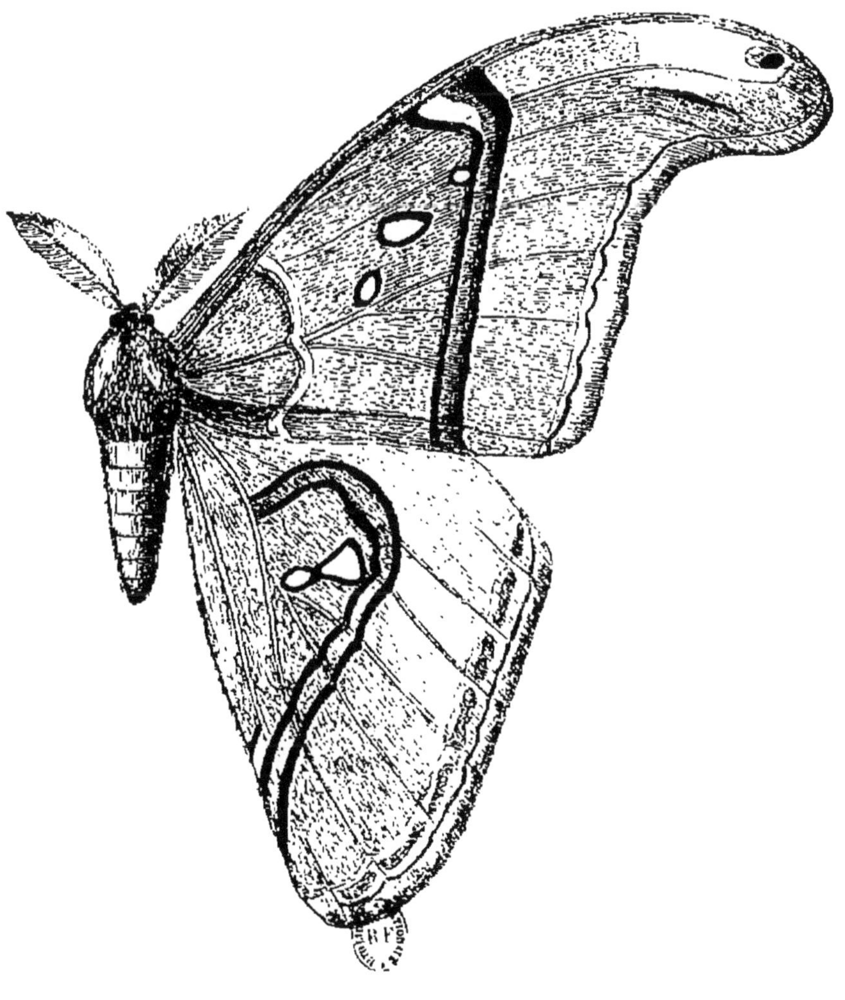

Attacus Imperator, Kirby (v. p. 36).

ATTACIENS

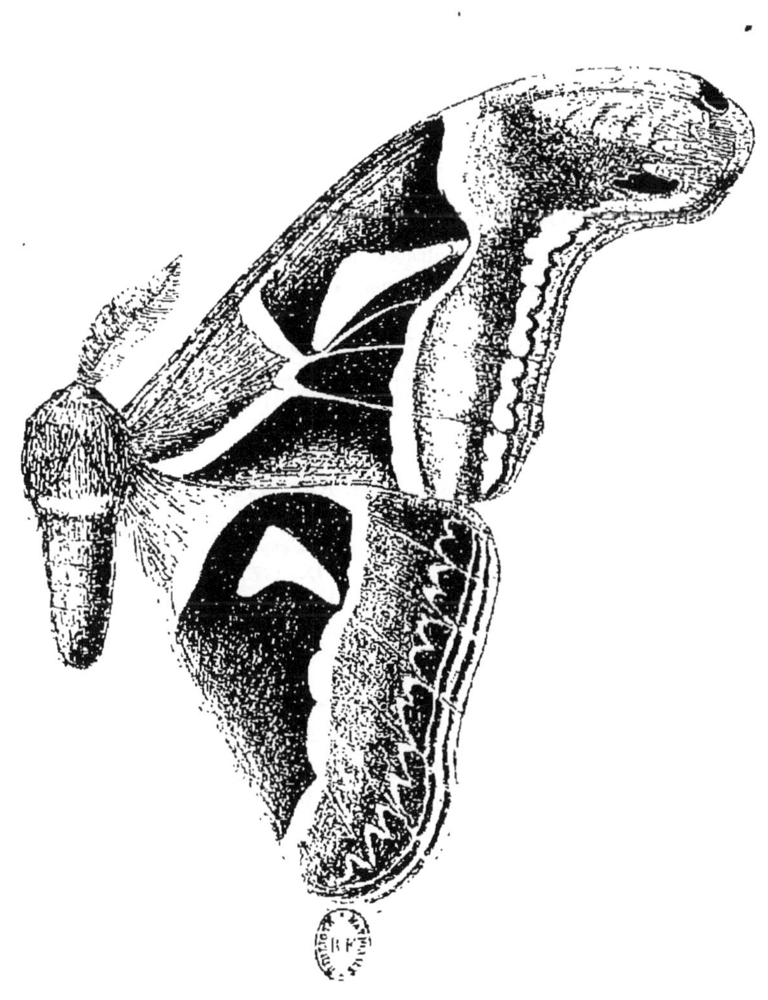

Attacus Edwardsii, White (v. p. 37).

blanches sur les ramifications de la nervure médiane jusqu'à la rayure médiane.

Zone interne brun rouge ; moyenne de même couleur mais devenant d'un noir profond aux alentours des rayures et de la tache vitrée ; zone externe brun rouge clair dans son milieu, semée d'atomes blancs près de la rayure externe, marge jaune verdâtre parcourue par une ligne noirâtre en feston dans sa longueur. Le sommet de l'aile est d'un jaune ocreux ; une tache noire presque apicale tangente au bord antérieur est contournée extérieurement par une ligne blanche en zigzag qui vient envelopper en partie une autre tache noire irrégulière placée entre la 6e et la 7e nervure.

Ailes inférieures, mêmes caractères de coloration, mais la bordure marginale d'un jaune olivatre est envahie par une suite de taches réniformes irrégulières, presque noires et de deux lignes parallèles de traits bruns.

Les cocons atteignent 6 et 7 centimètres de longueur enveloppés dans les feuilles et reliés à la tige par un pédoncule soyeux. Cette espèce est assez rare.

6. **Attacus Atlas**, Linné, *Syst. Nat.*, 1758.

Saturnia Silhetica, Helf., *Journ. As. Soc. Beng.*, 1837.
Bombyx Atlas, Cram., *Pap.*, *Exot.*, pl. IX, 1775.
— **Ethra**, Oliv., *Enc. meth.*, 1789.
Attacus Lorquinii, Feld., *Wien. Exot. Mon.*, 1861.
— **Taprobanis**, Moore, *Lep. Ceylon*, 1883.

Envergure : mâle, 18 à 22 centimètres ; femelle, 21 à 24 centimètres.

Patrie, Indes Orientales, Chine et Archipel Malais.

Espèce très commune, variant beaucoup de taille et de coloration ; cette dernière varie du rouge d'ocre jaunâtre au brun rouge foncé grenat.

Thorax et segments de l'abdomen liserés postérieurement de poils blancs.

Ailes supérieures, zone interne rouge parsemée de poils noirs et de poils blancs formant grisaille ; zone externe d'un brun rouge parsemée du côté de la rayure externe de squamules noires et de squamules blanches, du côté de la marge de squamules jaunes, cette dernière

ATTACIENS

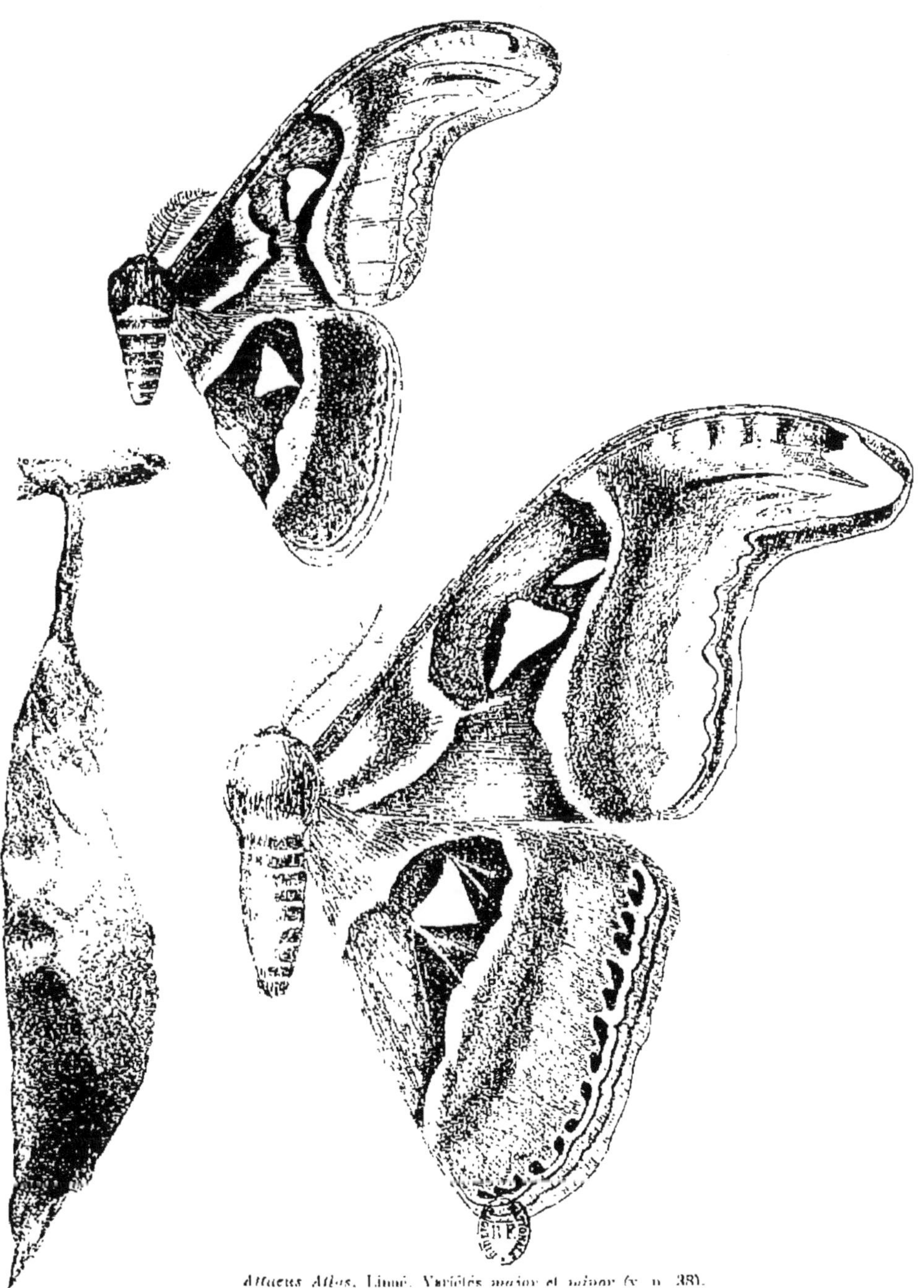

Attacus Atlas, Linné. Variétés *major* et *minor* (v. p. 38).

ATTACIENS

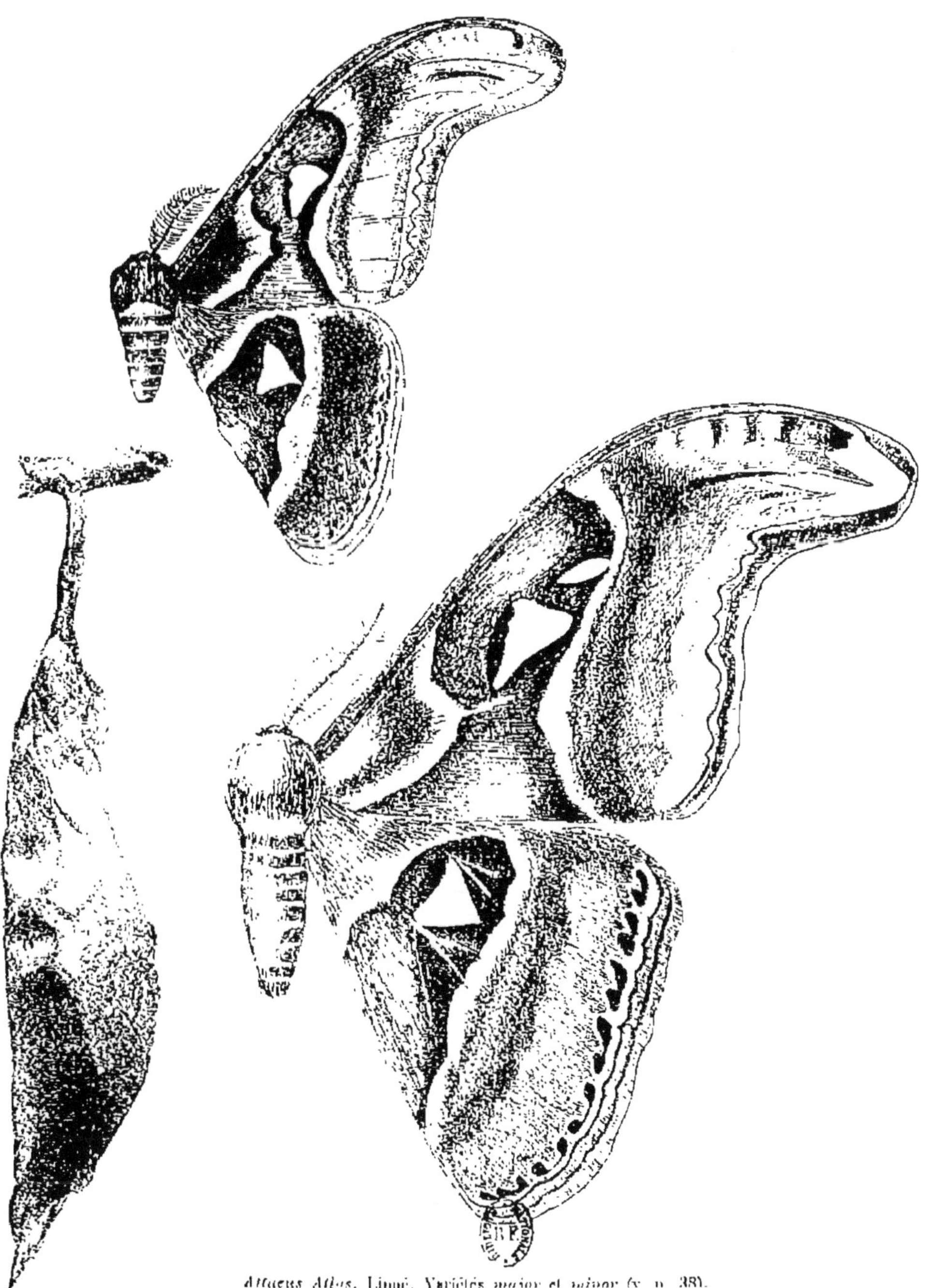

Attacus Atlas, Linné. Variétés *major* et *minor* (v. p. 38).

d'un jaune terne verdâtre, parcourue dans son milieu par une ligne sinueuse brune.

Une tache noire contre le bord antérieur de l'aile enveloppée d'une ligne fulgurante blanche qui, après trois ou quatre brisures, vient se perdre dans la marge. Taches diaphanes très irrégulières plutôt triangulaires souvent accompagnées d'une autre tache transparente très petite et située entre les nervures 5 et 6. Ces taches sont liserées de noir.

Les ailes inférieures présentent la même coloration. La chenille vit à Ceylan sur le *Laurus cinnamomum*, sur le *Milnea roxburghiana* et sur beaucoup d'autres arbres. En Europe, on peut l'élever sur l'épine-vinette *(Berberis vulgaris)* sur le pommier, le saule, le charme et autres arbrisseaux [1].

Toutes les tentatives d'éducation de cette espèce, qui ont été tentées à Lyon, n'ont pas réussi jusqu'à ce jour, la plupart des chenilles périssant vers le 4e âge; celles-ci, sont à leur 1er âge, noires à poils blancs; elles deviennent blanchâtres après la 1re mue, puis deviennent jaunâtres avec deux plaques rouges latérales sur le dernier anneau et quatre rangées longitudinales d'épines blanches; leur corps tout entier est recouvert d'une pulvérulence blanche; au 3e âge se montrent deux rangées latérales de poils noirs; enfin, devenues adultes, elles sont d'un blanc verdâtre et offrent une grande ressemblance avec les chenilles de *Phil. Cynthia*.

Les cocons de cette espèce sont en forme de poire; ils mesurent de 6 à 8 centimètres de longueur sur 2 1/4 à 3 centimètres, toujours enfermés dans une feuille qui leur sert d'abri d'un côté, l'autre étant à découvert; il est peu probable qu'on réussisse à dévider et à utiliser ce cocon; toutefois, M. Nathalis Rondot [2] dit qu'en Chine et en Birmanie on peigne les cocons et on fait, de la bourre qu'on en a obtenue, des fils qui ne sont pas sans valeur.

7. **Attacus Caesar**, Maassen et Weymer, *Beitr. Schmett.*, fig. 22, 1873.

Envergure, 25 à 28 centimètres.
Patrie, Iles Philippines.

[1] Alfred Wailly, *Silk Producing Lepidoptera*, 1891.
[2] Natalis Rondot, *L'Art de la soie*, t. II, 1887, p. 72.

Cette grande et belle espèce est d'un brun rouge clair variant jusqu'au jaune doré. La tache vitrée des ailes supérieures est en forme d'ovale acuminé vers sa pointe externe ; elle est accompagnée au-dessus de deux petites taches vitrées contiguës à la bordure externe, la première entre les nervures 5 et 6, la seconde entre les nervures 6 et 7 ; toutes ces taches sont lisérées de noir.

Sur les ailes inférieures, on retrouve la présence de ces deux taches supplémentaires vitrées, en plus de la grande tache vitrée normale.

Le cocon de cette espèce nous est inconnu.

ESPÈCES AMÉRICAINES

8. **Attacus Hesperus**, Linné *(Bombyx H.) Syst., Nat.* 1758.

Attacus Aurota, Cram., *Pap. exot.*, pl. VIII, 1775.
Bombyx Ethra, Oliv., *Enc. Meth.*, 1790.
Bombyx Atlas, Oliv., — 1789.
Attacus specülifer, Walk., *Cat. Lep. Het. B. M.*, 1855.
— **Speculifera**, Druce, *Biol. Centr., Amer. Lep. Het.*, 1886.

Envergure, 17 à 18 centimètres.

Patrie, Amérique Centrale et du Sud.

Antennes fauve clair, thorax bordé antérieurement et postérieurement d'une bande de poils blancs, anneaux de l'abdomen non lisérés de blanc.

Coloration générale brun rouge variant du rosé au jaunâtre, rayure interne très arquée, externe presque droite. Zone interne brun rouge clair parsemée de poils blancs ; médiane, brun rouge foncé ; externe, brun rouge foncé près de la rayure externe devenant plus claire près de la marge ; une surface rose recouverte de squamules blanches et noires mêlées, contiguë à la rayure et dentelée du côté de la marge, envahit le tiers de cette zone ; marge jaune terne foncé ; entre la 6e et la 7e nervure se remarque une tache noire demi-circulaire entourée d'une tache de même couleur, réniforme ; entre la ligne en zigzag blanche et le bord antérieur de l'aile existe un espace d'un beau rose clair. Taches diaphanes triangulaires, cerclées de blanc, puis de noir. Mêmes particularités sur les ailes inférieures, mais la marge de celles-ci est ornée d'une suite de taches brunes ovalaires formant un chaînon.

ATTACIENS

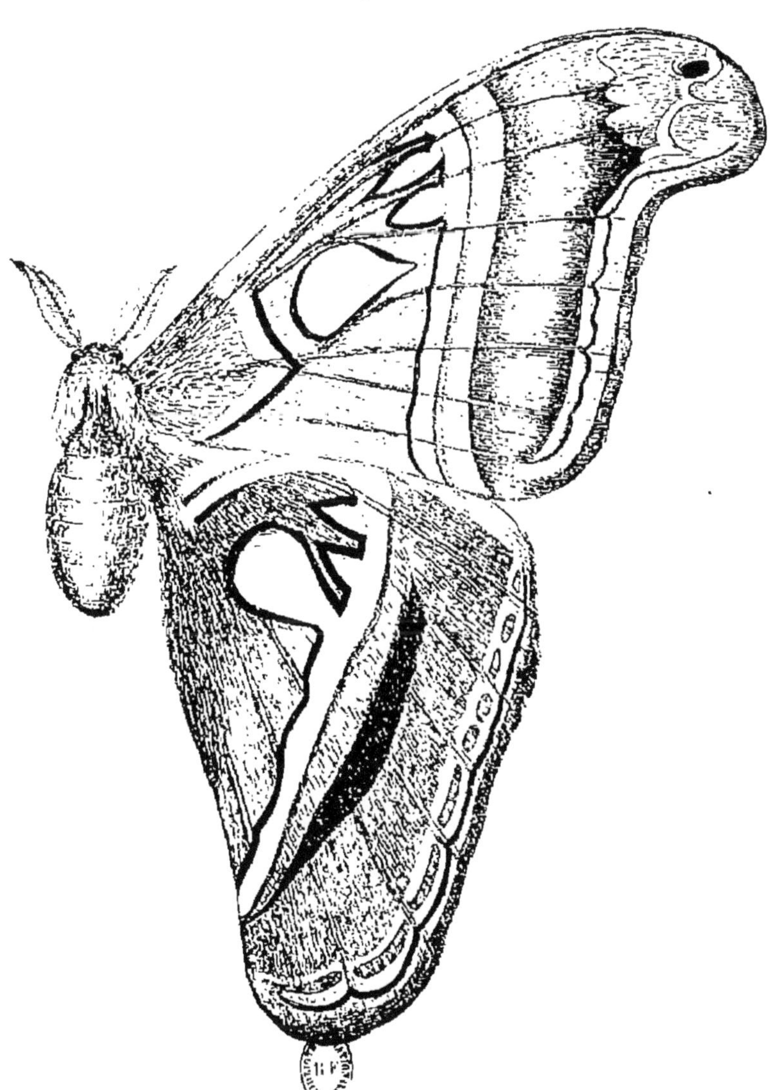

Attacus Cæsar, Maass. et Weym. (v. p. 30).

ATTACIENS

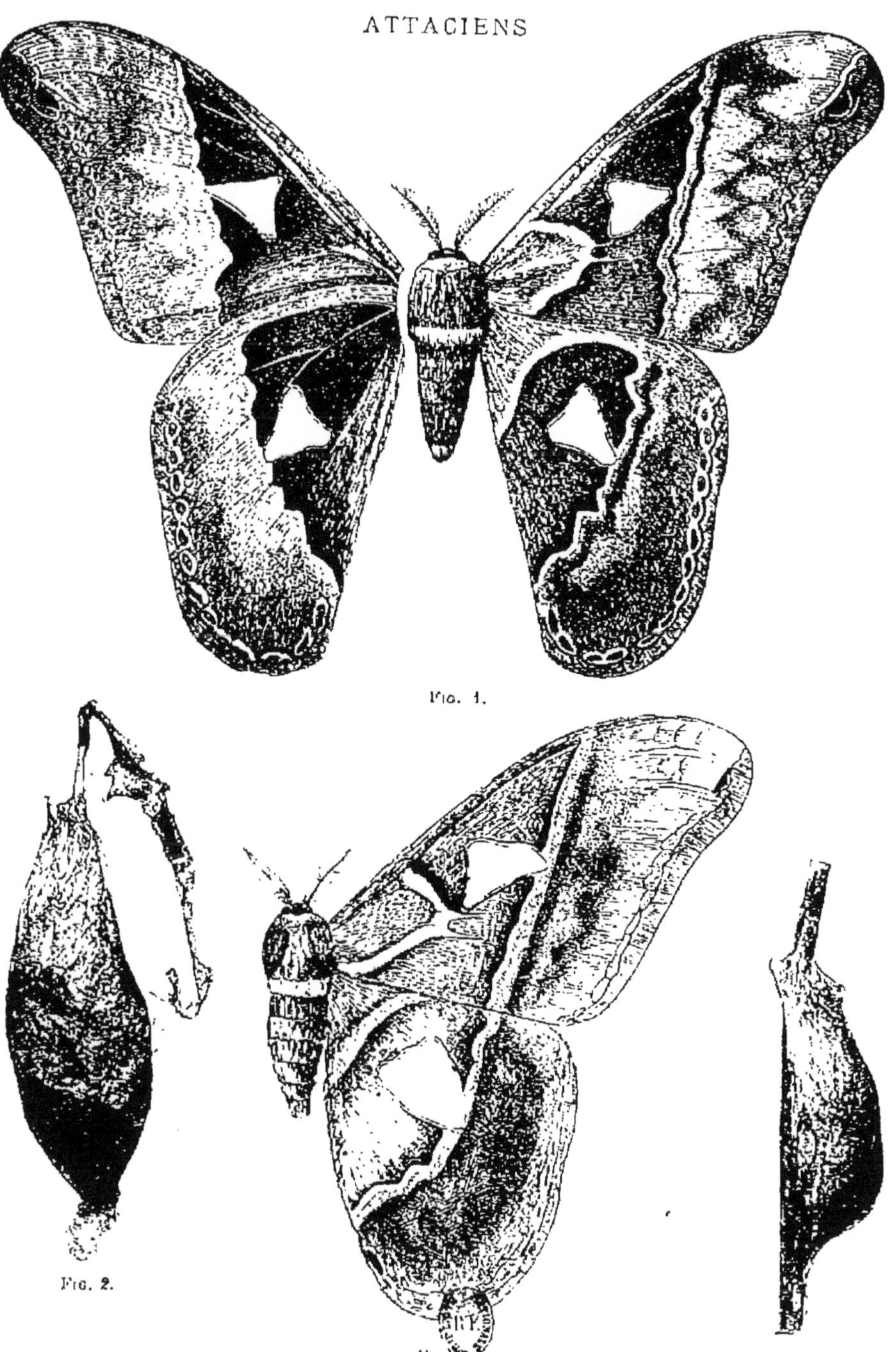

Fig. 1. *Attacus Hesperus*, Linné (v. p. 40)
— 2. — — [illegible]

Fig. 3. *Attacus Betis*, Walk. (v. p. 41).

La chenille de cette espèce vit sur l'*Anacardium occidentale;* on l'élève facilement dans la Guyane Française, sur l'oranger et sur l'eucalyptus; elle peut aussi s'élever en Europe sur l'ailante, le ricin, le bambou, etc.

Cocon ellipsoïde allongé, roux clair avec pédoncule soyeux accompagnant le pétiole de la feuille dont il est enveloppé, de 4 1/2 à 6 centimètres de longueur.

Espèce commune d'une éducation facile et dont le cocon peut se filer.

9. **Attacus Betis**, Walker, *Cat. Lep. Het. B. M.*, 1855.

Attacus Auglas, Boisd., *in litt.*

Envergure, 13 à 16 centimètres.

Patrie, Brésil.

Corselet bordé antérieurement et postérieurement d'une ligne de poils blancs, extrémité de l'abdomen blanchâtre, couleur dominante jaune d'ocre un peu rougeâtre.

Ailes supérieures, taches vitrées triangulaires ayant le côté interne incurvé, lisérées de blanc puis de noir. Portion apicale de l'aile d'un rose pâle limitée du côté de la marge par une ligne blanche sinueuse, non en zigzag; une tache noire presque triangulaire entre les 6ᵉ et 7ᵉ nervures, contournée extérieurement par une ligne de même couleur, se prolongeant sur les deux nervures jusqu'à la marge; zone externe parsemée de squamules brunes et de squamules roses du côté de la rayure externe.

Ailes inférieures, même coloration; la tache vitrée triangulaire a son côté interne sinueux et ses deux autres côtés convexes; la marge est ornée d'une suite de taches irrégulières d'un brun rouge devenant graduellement noir vers la base de l'aile, la dernière tache basilaire plus forte que les autres.

Cocon fixé contre une brindille non enveloppée dans les feuilles, d'un jaune terne, mat.

10. **Attacus Orizaba**, Westwood, *Saturnia O.*, *Proc. of the Zool. soc. of London*, 1853, pl. XXXII, fig. 2.

Envergure, mâle 14 centimètres, femelle 15 centimètres.

Patrie, du Mexique à Panama.

Couleur dominante, fauve foncé.

Ailes supérieures, zone médiane plus sombre que les autres, côté antérieur de l'aile parsemé de squamules grises; entre la 6e et la 7e nervure se remarque une réunion de trois taches noires disposées en triangle sur le fond fauve de la marge, la portion inférieure de cette dernière est d'un fauve chamois pâle.

Ailes inférieures, marge ornée d'une ligne interne de taches noires et d'une légère ligne noirâtre médiane.

Le cocon long de 4 centimètres sur 1 1/2 est résistant, très soyeux, enveloppé de feuilles et relié à la branche par une traînée soyeuse.

11. **Attacus Aricia** WALKER, *Cat. Lep. Het. B. M.*, 1855.

Attacus Arethusa, Maass. et Weym., *Beitr. Schmett.*, fig. 29, 1873.
— **Ethra** ♂, Walker, *loc. cit.*, 1855.

Envergure, 15 centimètres.

Patrie, Colombie.

Couleur dominante, brun jaunâtre.

Thorax bordé antérieurement et postérieurement d'une ligne de poils blancs; extrémité de l'abdomen de couleur blanche.

Le mâle a les ailes bien falquées, celles de la femelle un peu moins, les ailes inférieures dans les deux sexes sont en quart de cercle.

Ailes supérieures, rayure interne coudée à angle aigu, externe légèrement incurvée dans sa partie inférieure, formée de trois lignes contiguës : noire, blanche et rose; taches vitrées triangulaires liséréesde blanc sur tout leur pourtour, Zone externe brun jaunâtre, semée de squamules brun foncé; dans la partie inférieure de cette zone on remarque quelques squamules d'un rose clair; marge jaune terne foncé; une tache noire à peu près triangulaire, mais à côtés indécis, se trouve entre la 6e et la 7e nervure; la portion apicale de l'aile est d'un rose tendre devenant rose vif au delà de la ligne blanche en zigzag.

Côte antérieure de l'aile couverte de squamules noires.

Ailes inférieures, tache vitrée en forme de poire, très grande, lisérée de blanc, la zone externe est fortement chargée de squamules brunes, marge présentant intérieurement une ligne de taches brunes irrégulières, limitées par une ligne sinueuse médiane de même couleur.

ATTACIENS

Fig. 1.

Fig. 2.

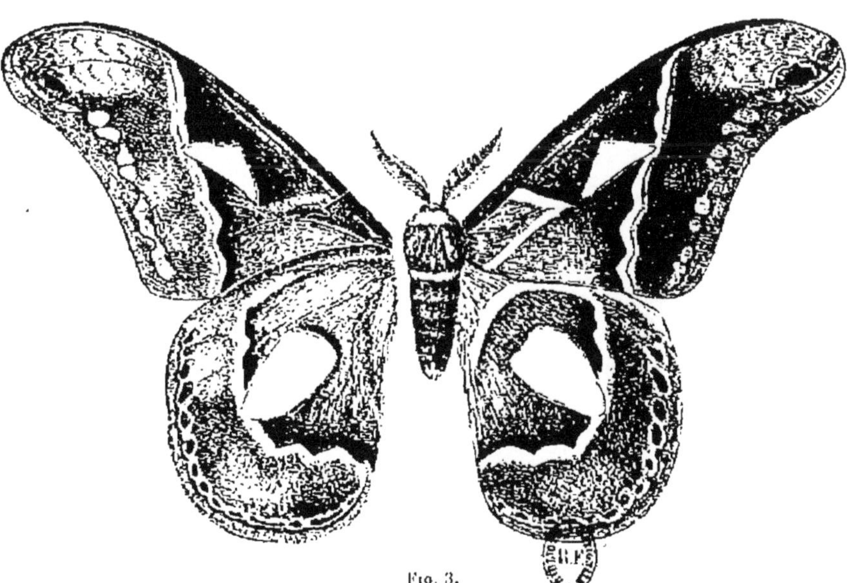

Fig. 3.

Fig. 1. *Attacus Orizaba*, Westw. (v. p. 41).
— 2. — — cocon

Fig. 3. *Attacus Aricia*, Walk. (v. p. 42).

ATTACIENS

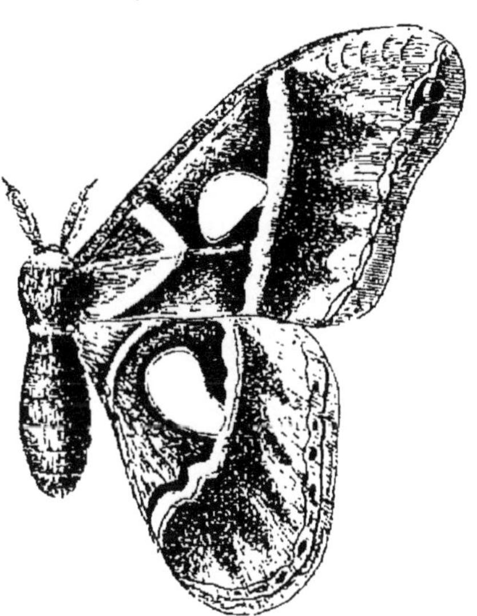

Fig. 1.

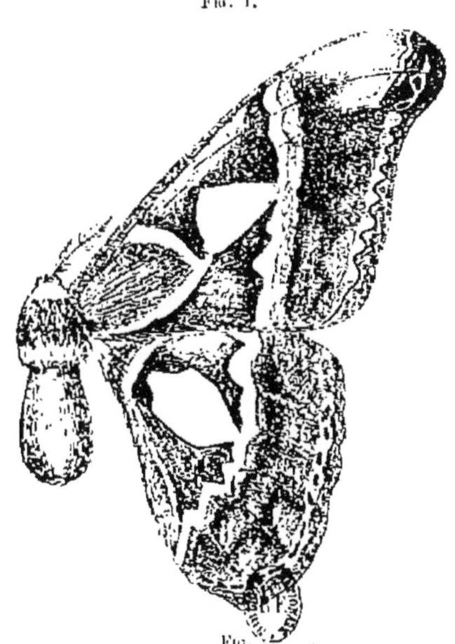

Fig. 2.

Fig. 1. *Attacus Bolivari*, Maass. et Weym. (v. p. 44).
— 2. — *Lebeaui*, Guer. (v. p. 44).

ATTACIENS

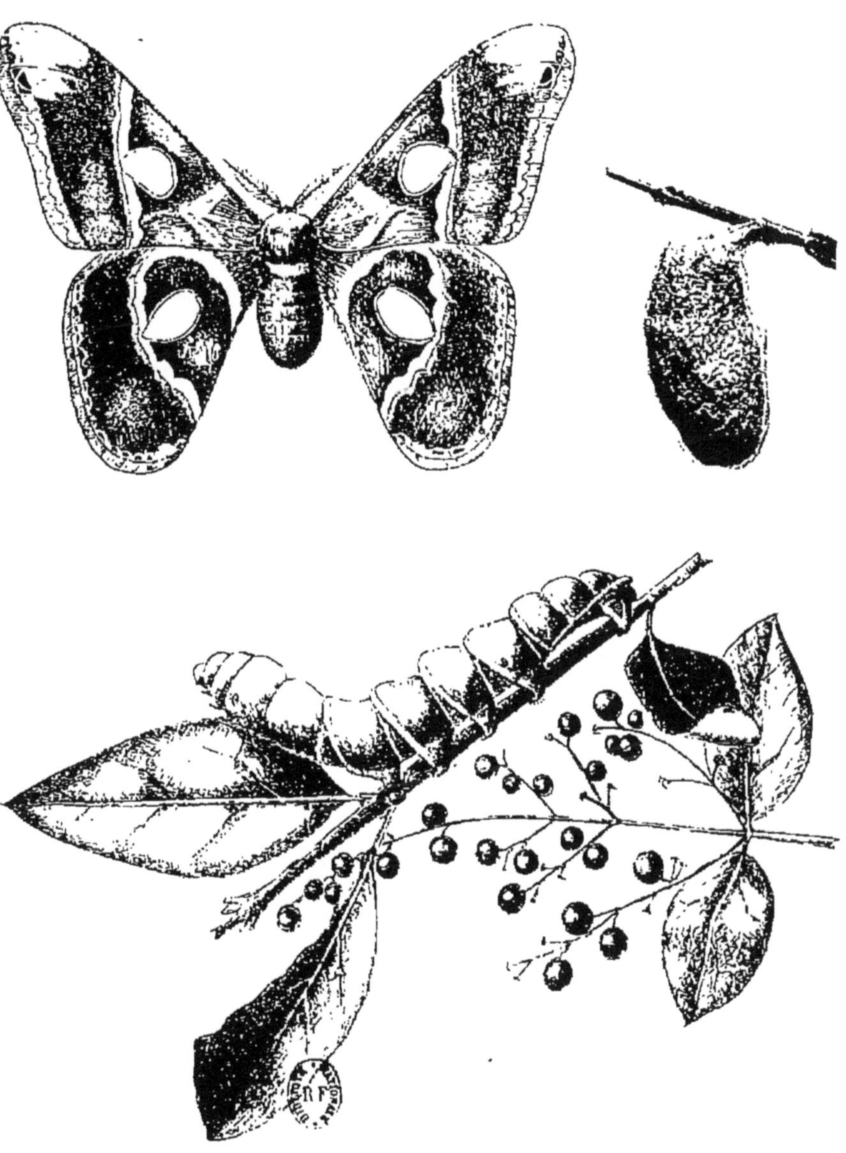

Attacus Arethusa, Walk. (v. p. 43).

Le mâle de cette espèce a les ailes antérieures relativement longues, très échancrées, et les ailes inférieures sont presque rectangulaires.

Le cocon nous est inconnu.

12. **Attacus Arethusa**, WALKER, *Cat. Lep. Het. B. M.*, 1855.

Attacus speculum, Maass. et Weym., *Beitr. Schmett.*, fig. 26, 1873 ; fig. 62, 1881.

Envergure, mâle 11 centimètres ; femelle 12 centimètres.

Patrie, Amérique du Sud et Centrale.

Couleur dominante, variant du brun rouge au brun violacé.

Antennes fauves.

Corselet, bordé antérieurement et postérieurement d'une ligne de poils blancs.

Ailes supérieures, tache vitrée triangulaire lisérée de blanc, puis de noir ; zone interne parsemée de squamules plus foncées ; médiane plus foncée aux alentours des rayures et de la tache; externe chargée de squamules brunes dans sa partie supérieure et de squamules rosées dans sa partie inférieure. Portion apicale de l'aile d'un rosé vineux jusqu'à la ligne blanche en zigzag, celle-ci limitée du côté de la marge par une tache réniforme noire, entre la 6e et la 7e nervure, et par une autre tache de même forme, mais tournée en sens inverse, plus nébuleuse et parfois absente, entre la 7e et la 8e nervure; marge d'un jaune terne, parcourue par une ligne brune en feston.

Ailes inférieures, tache vitrée en ovale irrégulier, zone externe chargée dans sa partie inférieure de squamules d'un rose vineux, marge ornée d'une ligne de taches arrondies, irrégulières, variant du rouge au noir.

Cette espèce varie beaucoup de coloration.

La chenille adulte est d'un vert gai sur le dos, se rembrunissant graduellement jusque sous le corps ; pièces écailleuses de la tête, palpes et mâchoires d'un vert uniforme, une seule petite tache noire à la base des antennes du côté externe. Pattes écailleuses à dernier article des tarses noir; les deux autres articles sont finement bordés de cette couleur à leur extrémité, stigmates d'un jaune d'ocre.

Extrémité des pattes membraneuses semée de points noirs, parois latérales du corps parsemées de nombreux points blancs très petits ; dernier segment anal ceint d'un bourrelet de couleur jaune terne, les deux pattes anales sont ornées d'une plaque latérale triangulaire de nature cornée, brillante, verte, entourée d'une ligne noire très fine ; tous les segments portant les pattes membraneuses ont leur base d'un beau violet pourpre et leur partie antérieure lisérée de blanc, enfin les segments antérieurs sont munis à leur bord supérieur de cils peu serrés formant collier.

Les éducations de cette espèce peuvent se faire avec quelques succès, car la chenille est très robuste. Le Laboratoire en a fait une éducation à une époque où la température ne permettait pas d'espérer une issue favorable. Des chenilles écloses en Angleterre le 8 novembre ont été expédiées à Lyon le 15 décembre, où elles ont été nourries avec les feuilles de Troène du Japon, arbrisseau très commun dans tous nos jardins publics, et le seul, à peu près, ayant encore des feuilles à cette époque de l'année. Le 31 décembre, les chenilles commençaient leur cocon.

Cocon de 3 cm. 1/2 de longueur, blanc jaunâtre avec pédoncule adhérent à la branche nourricière.

13. **Attacus Bolivari**, Maass. et Weym., *Beitr. Schmett.*, fig. 27, 1873.

Envergure, 14 centimètres.

Patrie, Venezuela.

Couleur dominante brun jaune rougeâtre clair.

Thorax avec bordures antérieure et postérieure de poils blancs.

Ailes supérieures, tache vitrée en triangle à angles arrondis, rayure externe presque rectiligne, zone externe avec portion apicale rose devenant rose vif près de la ligne en zigzag ; partie inférieure de cette zone, contiguë à la rayure externe, parsemée de squamules brunes formant une surface foncée dentelée du côté externe.

Marge d'un jaune terne.

Ailes inférieures avec tache vitrée plus grande, presque réniforme.

Le Cocon ne nous est pas connu.

14. **Attacus Lebeaui**, Guérin, *Rev. Zool.*, 1868, p. 320.

Envergure, 15 centimètres.

Patrie, Venezuela.

ATTACIENS

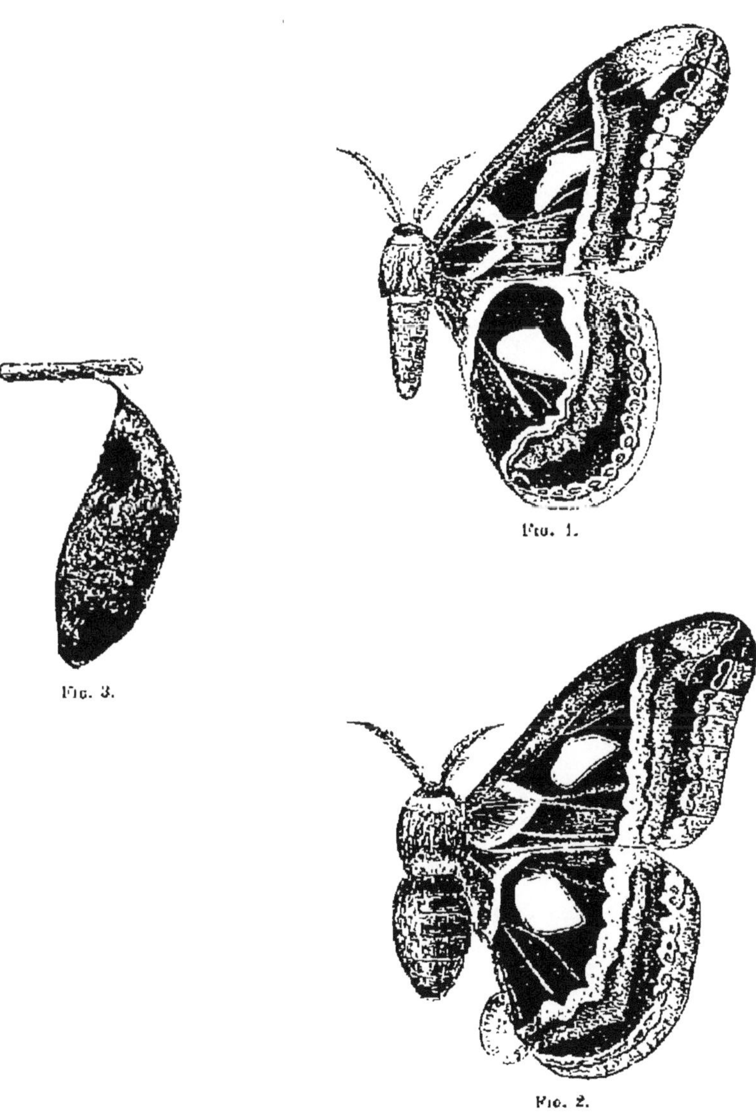

Fig. 1.

Fig. 3.

Fig. 2.

Fig. 1. *Attacus Jorulloides*, Dognin, mâle (v. p. 45).
— 2. — — — femelle.
— 3. — — — cocon.

ATTACIENS

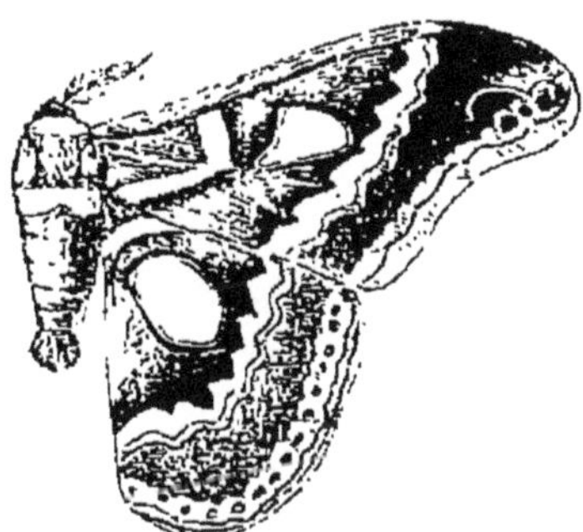

Fig. 1

Fig. 2.

Fig. 1. *Attacus Jorulla*, Westw. (v. p. 45)
— 2. — *Maurus*, Burm. (v. p. 46).

Couleur dominante brun rouge clair, thorax avec bandes antérieure et postérieure blanches.

Ailes supérieures, rayure interne atteignant le côté inférieur de la tache vitrée, celle-ci triangulaire, rayure externe formée de trois lignes, la première noire, la deuxième blanche et la troisième, plus large, d'un jaune orangé

Zone externe avec portion apicale rose jusqu'à la ligne ondulée blanche, l'espace compris entre cette dernière et la marge, de couleur jaune rougeâtre ; entre la 6e et la 7e nervure, trois taches noires, l'une triangulaire, et deux autres plus petites, ovales ; marge jaune clair intérieurement et jaune terne extérieurement, les deux couleurs séparées par une ligne en festons.

Ailes inférieures. La tache vitrée est grande et en losange irrégulier, ligne de points dans la marge, rouges vers le bord antérieur devenant noirs vers le bord anal.

Cocon inconnu.

15. **Attacus Jorulla**, Westwood *(Saturnia J.)*, *Proceed. Zool. Soc. London.* 1853.

Attacus Cinctus, *Tepper*.

Envergure, 10 à 10 1/2 centimètres.

Patrie, Mexique.

Couleur dominante, brun bronzé.

Ailes supérieures, côte antérieure recouverte de squamules grises devenant blanches vers la base, la tache vitrée est presque triangulaire ayant une marge étroite blanche, suivie d'une plus large noire, la rayure externe blanche multidentée est bordée de noir à son côté interne et blanc rosé à son côté externe.

Zone externe chargée, près de la rayure, de squamules grises. La marge d'un jaune terne est traversée par une légère ligne noire ondulée ; une grande tache noire entre la 6e et la 7e nervure, en demi-cercle, dentée à son côté externe est accompagnée de deux autres petites taches noires.

Ailes inférieures, tache vitrée en ovale, plus large que celle des ailes supérieures, la marge jaunâtre porte une légère ligne ondulée noire précédée par une ligne de taches irrégulière, noires et rougeâtres.

16. **Attacus Jorulloïdes**, Dognin, *in litt.*

Envergure, 13 centimètres.

Patrie, République de l'Équateur, Loja.

Couleur dominante, brun bronzé.

Thorax, avec bordure antérieure et postérieure de poils blancs.

Ailes supérieures, tache vitrée triangulaire lisérée de blanc, rayure interne arquée formée de deux bandes contiguës, l'une blanche, large, l'autre orangé, étroite; zone médiane brun bronzé foncé, plus clair sur les nervures, rayure externe presque droite; zone externe, apex d'un gris violacé, ligne en zigzag finement bordée de rouge, extérieurement et à sa partie supérieure seulement; la portion de cette zone contiguë à la rayure est fortement chargée de squamules roses, marge brun jaune terne devenant presque blanche intérieurement.

Ailes inférieures, tache vitrée plus grande subtriangulaire, la marge est ornée d'une ligne de taches brunes irrégulières et un peu nébuleuses suivie d'une ligne ondulée, brune.

La femelle a les ailes antérieures un peu moins échancrées que celles du mâle.

Cocon de 4 1/2 centimètres de long sur 3/4 de large, en forme d'olive allongée, d'un gris jaunâtre brillant, enveloppé d'un treillis de fils bruns se rattachant à la tige qui le supporte en un pédoncule court. Le cocon paraît devoir se prêter à la filature.

17. **Attacus Maurus,** Burmeister.

Envergure, 13 centimètres.

Patrie, République Argentine.

Couleur dominante, brun bronzé foncé.

Thorax avec bordures antérieure et postérieure blanches.

Ailes supérieures, rayure interne arrondie émettant vers son milieu 2 lignes blanches se prolongeant sur la naissance des nervures 2 et 3, rayure externe presque rectiligne, mais multidentée.

Zone médiane d'un brun bronzé foncé uniforme, parsemé d'atomes gris près du bord antérieur de l'aile, tache vitrée triangulaire mais ayant son côté interne présentant un angle rentrant; zone externe avec portion apicale rose terne, limitée du côté de la marge par une ligne blanche ondulée, séparée de la marge par un espace étroit jaune orangé, la portion inférieure de la zone est chargée du côté de la rayure de squamules roses mêlées de quelques-unes noires; marge jaune terne, très pâle dans son milieu.

ATTACIENS

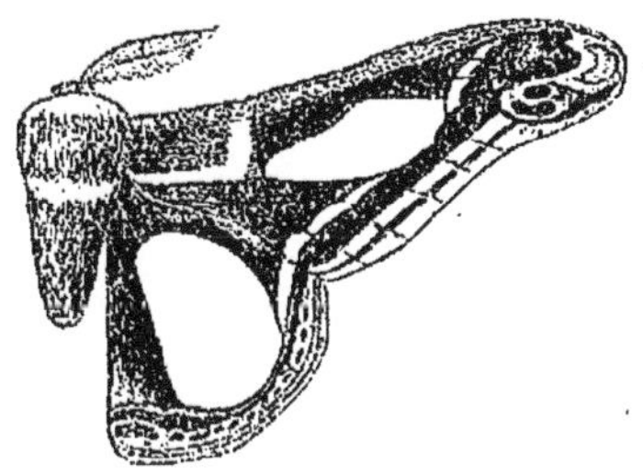

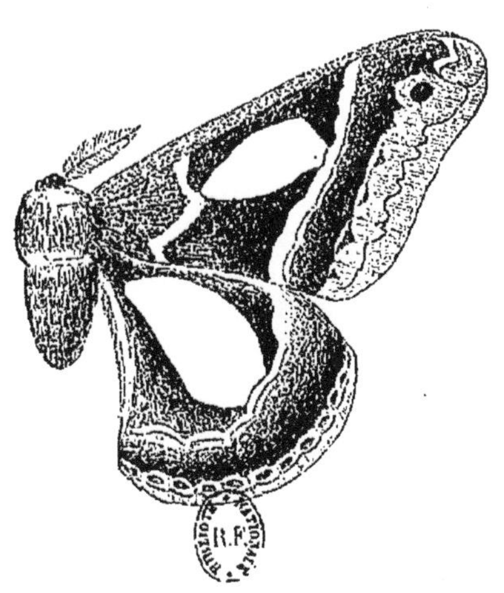

Attacus Zacateca, Westw. mâle et femelle (v. p. 47).

ATTACIENS

FIG. 1.

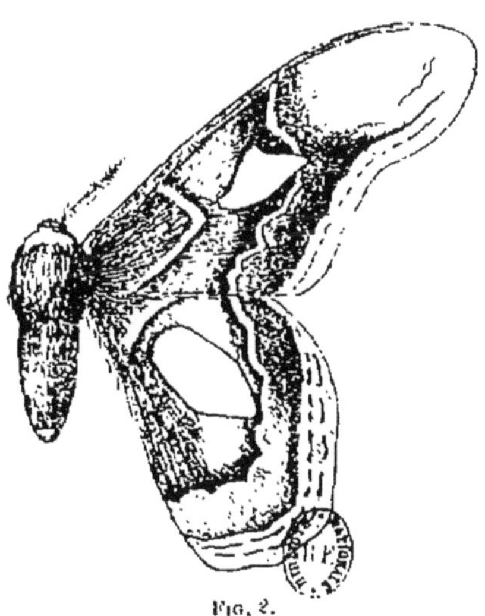

FIG. 2.

Fig. 1. *Attacus Erycina*, Shaw. (v. p. 47).
— 2. — *Satyrus*, Feld. (v. p. 48).

Ailes inférieures, tache vitrée grande, en triangle, ayant ses deux côtés convexes, bordure marginale ornée d'une ligne de points irréguliers, rouges près du bord antérieur devenant insensiblement noirs vers le bord anal.

Le Cocon nous est inconnu.

18. **Attacus Zacateca,** Westwood *(Saturnia Z.)*, *Proceed. Zool. Soc. Lond.*, 1853.

Envergure mâle, 10 centimètres; femelle 11, 11 1/2 centimètres.

Patrie, Colombie, Bogota.

Remarquable espèce par ses ailes étroites et la grande largeur de ses taches vitrées, surtout sur les ailes inférieures, la couleur dominante est le grenat foncé, presque noir.

Thorax avec bordures blanches, l'une antérieure, l'autre postérieure, abdomen olivâtre foncé.

Ailes supérieures, légèrement falquées chez le mâle, à peine chez la femelle, la côte antérieure est saupoudrée de squamules grises, rayure interne à angle droit; la tache vitrée est large, allongée, subovale; rayure externe blanche interrompue par la tache vitrée; zone externe étroite, parsemée dans sa partie inférieure de squamules rouges et grises, la marge est d'un jaune verdâtre, apex orange avec une petite portion fauve et une ligne en zigzag, au-dessous de laquelle se trouve une tache ovale de couleur fauve rouge et une autre de couleur noire, parcourue et divisée en plusieurs parties par une ligne jaunâtre.

Les ailes inférieures sont presque entièrement envahies par la tache vitrée en ovale irrégulier, et la marge jaunâtre est ornée à son côté interne d'une ligne continue de points noirs plus ou moins géminés.

Cette rarissime espèce existe dans la collection Oberthur.

Cocon inconnu.

19. **Attacus Erycina,** Shaw, *Nat. Misc.*, VII (1797).

Phalaena Hesperus, Cram, *Pap. Exot.* pl. LXVIII. A, 1775.
Attacus Hesperus, Walk., *Cat. Lep. Het. B. M.*, 1855.
Attacus Splendidus, Maass. et Weym., *Beitr. Schmett.*, 1873, fig. 32, 34.

Envergure, 13, 14 centimètres.

Patrie, Amérique du Sud, Surinam.

Cette espèce commence le groupe des Attacus dont la rayure externe est fortement sinuée et deux fois arquée, ce qui donne à la portion apicale de la zone externe une plus grande importance.

Thorax bordé antérieurement et postérieurement d'une ligne de poils blancs.

Fond des ailes, brun rouge.

Ailes antérieures, zone interne parsemée de squamules grises; médiane, brun rouge uniforme; externe avec portion apicale très large, brun fauve, devenant très clair près de la ligne blanche en zigzag, celle-ci longue et à peine ondulée; partie inférieure de cette zone étroite, brun rosé, parsemée de squamules blanches; marge jaune terne; tache vitrée triangulaire.

Ailes inférieures, tache vitrée large en forme de poire, marge de ces ailes ornée de trois lignes de traits, parallèles, interrompues à chaque nervure.

Le mâle a les ailes très falquées.

Le Cocon nous est inconnu.

20. **Attacus Satyrus**, Felder, *Reise d. Novara, Lep.*, IV, pl. LXXXVI, fig. 2, 1874.

Envergure, 13 centimètres.

Patrie, Cayenne.

Ailes supérieures, rouge brun foncé; zone interne d'un brun sépia; médiane rouge brun uniforme; externe avec portion apicale large, d'un brun sépia clair; marge jaune vif, près de l'apex, devenant fauve rose au-dessous.

La rayure interne est formée de deux lignes contiguës, l'une d'un blanc terne, souvent peu visible, et l'autre noire; rayure externe comme l'interne, plus une ligne fauve extérieure, mais la ligne blanche moins terne.

Ailes inférieures, tache vitrée large, en pentagone irrégulier, marge ornée de deux lignes parallèles de traits interrompues sur les nervures.

Cette espèce ne nous paraît être qu'une variété de la précédente.

Cocon inconnu.

21. **Attacus Hopfferi**, Felder, *Wien, Ent. Mon.*, p. 263, fig. 3. (1859).

Envergure, 14 centimètres.

ATTACIENS

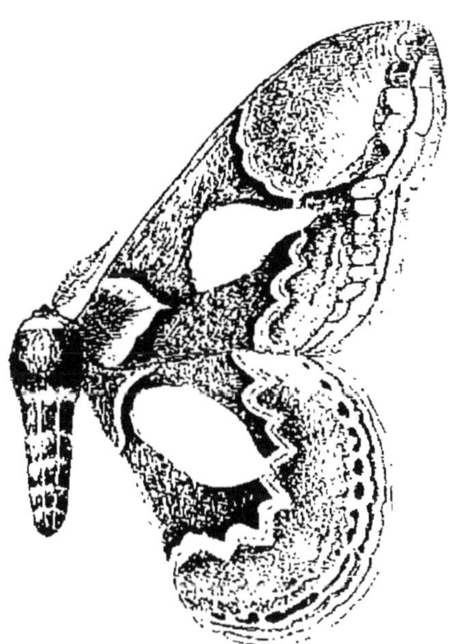

FIG. 1.

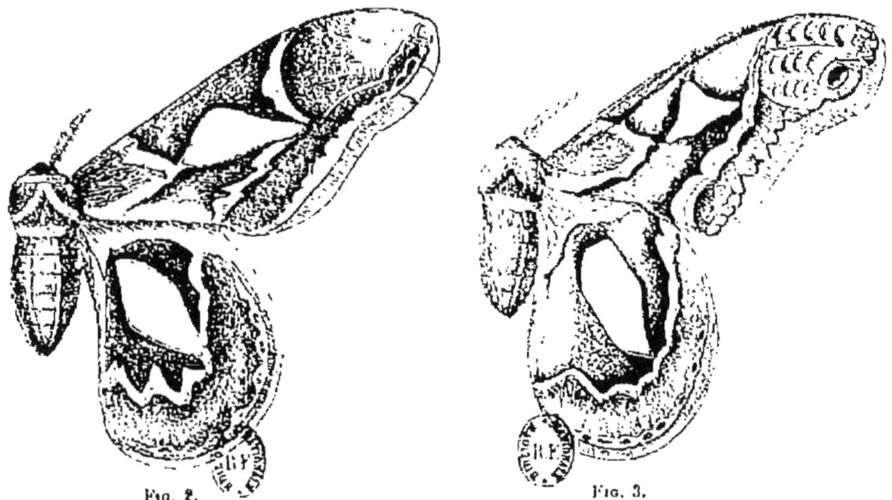

FIG. 2. FIG. 3.

Fig. 1. *Attacus Belus*, Maass. et Weym. (v. p. 50).
— 2. — *Hopfferi*, Feld. (v. p. 48).
— 3. — *Jacobaeae*, Walk. (v. p. 49).

Patrie, Amérique du Sud.

Couleur dominante, brun jaunâtre.

Thorax orné d'une ligne antérieure et d'une ligne postérieure de poils blanc, et dans son milieu de deux lignes de même couleur formant chevron. Partie supérieure de l'abdomen avec deux lignes longitudinales blanches, taches vitrées très irrégulières ainsi que les rayures qui sont très dentelées et larges.

Nous ne connaissons cette espèce que d'après le dessin de Maassen et Weymer, *Beitr. Schmett.*, fig. 61.

22. **Attacus Jacobææ**, WALKER, *Cat. Lep. Het. B. M.* (1855).

Attacus affinis, *Feld. Reise d. Novara Lep.*, 1874.

Envergure, 13 cent. 1/2 à 14 centimètres.

Patrie, Brésil.

Corselet orné antérieurement et postérieurement d'une bande de poils blancs ; sur l'abdomen on remarque deux lignes blanches longitudinales.

Ailes supérieures, côte antérieure parsemée de squamules grises ; zone interne brun rouge; médiane de même couleur, mais devenant plus foncée vers les rayures et vers la tache ; externe, avec portion apicale brun jaune devenant rosé sur la ligne en zigzag, la partie inférieure de cette zone est étroite; brun rouge vif chargé de squamules blanches du côté de la rayure ; marge jaune terne avec ligne blanche en zigzag, longue, partant de l'apex et descendant jusque près de la 5e nervure, bordée de rouge à son côté externe, à droite de cette ligne une tache subtriangulaire noire assez grande et souvent une plus petite entre la 7e et la 8e nervure, ainsi qu'une autre en dessous entre les nervures 5 et 6.

Tache vitrée en triangle irrégulier lisérée de blanc puis de noir.

Rayure interne formée de trois lignes contiguës, une noire étroite interne, une blanche large médiane, une autre noire externe plus accentuée que la noire interne ; rayure externe très sinueuse et très dentée formée de deux lignes, une noire et une blanche.

Ailes inférieures avec tache vitrée très longue et très large en forme de poire, la marge est d'un jaune brun, ornée d'un chaînon de taches noires sur fond jaune à son côté interne.

Cocon inconnu.

23. **Attacus Belus**, MAASSEN et WEYMER, *Beitr. Schmett.*, fig. 33, 1873.

Envergure, 14 à 15 centimètres.

Patrie, Amérique du Sud.

Mâle. — Antennes fauve clair, thorax d'un brun rouge vineux bordé en avant et en arrière d'une bande de poils blancs, abdomen orné en dessus de deux lignes longitudinales blanches ; les ailes antérieures ont leur falcature placée très bas et la pointe de l'aile a la forme d'un fer de lance, ce qui donne à cette espèce un caractère tout à fait spécial.

Ailes supérieures, zone interne rouge vineux parsemée de squamules blanches ; médiane brun rouge foncé uniforme ; externe, portion apicale roux clair près de la rayure externe devenant brun foncé puis se fondant insensiblement jusqu'à devenir fauve clair près de la ligne en zigzag, portion inférieure de cette zone rouge vif, fortement parsemée de squamules blanches et devenant brusquement brun foncé près de la marge, celle-ci jaune clair près de l'apex devient brun jaune dans sa partie inférieure, ligne en zigzag longue plutôt ondulée que brisée ; rayure interne blanche intérieurement, noire extérieurement ; externe fortement incurvée au-dessus de la tache vitrée qui est subtriangulaire.

Ailes inférieures, tache vitrée large subovalaire, zone externe fortement chargée de squamules blanches devenant presque complètement blanche près de la marge, celle-ci ornée intérieurement d'une ligne de taches irrégulières presque noires et de deux lignes parallèles ondulées, médianes brunes.

INDEX ALPHABÉTIQUE DES ESPÈCES DÉCRITES

Lyon. — Imp. Pitrat Aîné, A. Rey Successeur, 4, rue Gentil. — 14361

www.ingramcontent.com/pod-product-compliance
Ingram Content Group UK Ltd.
Pitfield, Milton Keynes, MK11 3LW, UK
UKHW022120190726
13855UKWH00003B/971

9 782013 280686